女孩百科

完美女孩的人气密码

受欢迎的女孩更能拥有幸福人生！

彭凡 / 编著

·北京·

图书在版编目（CIP）数据

完美女孩的人气密码/彭凡编著. —北京：化学工业出版社，2020.7（2023.11重印）
（女孩百科）
ISBN 978-7-122-36955-0

Ⅰ.①完… Ⅱ.①彭… Ⅲ.①女性-修养-青少年读物 Ⅳ.①B825.4-49

中国版本图书馆CIP数据核字（2020）第084293号

责任编辑：丁尚林　马羚玮
责任校对：边　涛
装帧设计：花朵朵图书工作室

出版发行：化学工业出版社（北京市东城区青年湖南街13号　邮政编码100011）
印　　装：北京虎彩文化传播有限公司
710mm×1000mm　1/16　印张11　2023年11月北京第1版第4次印刷

购书咨询：010-64518888
售后服务：010-64518899
网　　址：http：//www.cip.com.cn
凡购买本书，如有缺损质量问题，本社销售中心负责调换。

定　　价：39.80元

前言

美丽不一定是人见人爱的筹码，
再美的花儿，
如果不能冒出头来，
也只能被淹没在花海。

优秀也不见得是万众瞩目的前提，
再高贵的孔雀，
如果不在合适的时间开屏，
也注定会错过欣赏的目光。

人气并不是一时的光鲜，
也不靠一项独门绝技。
人气需要修炼，
人气是日积月累的收获。

从内而外打造自己，
逐一破解人气的密码，
不断为自己加分，
终有一天，
我们将变成闪耀的人气女生！

第1章　由内而外，打造个人魅力

第2章 好人缘，为你的人气加分

第3章 亲和力，增加你的气场

第4章 死党是这样炼成的

闪亮登场

唐岚岚：

极度渴望拥
有人气的菜
鸟女生。

夏米：

人见人爱的
人气女王。

于晓蒙：

胆小的女生。

李颖儿：

虽然才貌双
全，却并不是
很受欢迎。

秦子萱：

内向、慢热型的女生。

李壮壮：

老实巴交的男生。

艾老师：

年轻漂亮的老师，同学们的知心姐姐。

朱珠：

热情、可爱的胖女生。

第1章

由内而外，打造个人魅力

我经得起欣赏吗？

“从远处看去，她长得真好看呀！一头乌黑靓丽的长发，笑起来有两个可爱的小酒窝，一身白色的连衣裙特别美丽……”

“近看怎么样？”

“天哪！黑发上散布着星星点点的‘雪花’，笑起来露出粘着菜叶的牙齿，白色的裙子上还留着几块难看的油渍……真是让人大跌眼镜！”

再美丽的鲜花如果粘上一层泥巴也会显得很难看。女孩光拥有美丽的外表，却不修边幅，不讲卫生，自然就会变成淤泥中的鲜花，只能远观，而不能近看啦！

想要美丽经得起欣赏，就要让自己保持卫生整洁。整个人都干净整洁了，即使别人拿放大镜来看，我们的美丽也依然不会减分咯！

怎样保持干净整洁？

- 勤洗澡，勤洗头。

  勤刷牙，饭后要擦嘴，要漱口。

  勤洗手，经常剪指甲。

  经常用棉签清理耳朵。

- 在没人时用纸巾清理鼻孔。

  随身携带干净的手帕。

  偶尔照照镜子检查自己的面部是否干净。

  衣服脏了及时更换。

- 吃东西要注意，别让食物落到衣服上。

  冬天穿浅色棉衣写作业记得戴袖套。

  经常擦课桌。

  勤换被套，经常整理房间。

我会打扮

唐岚岚一直觉得很困惑，每次大家一起出去玩，为什么夏米总是最引人注目的那一个？其实夏米长得不算特别漂亮，但是特别会打扮，每次总能让人眼前一亮。

“如果我学夏米那样去打扮，一定也能照亮全场。”

于是，唐岚岚照着夏米平时穿的服装款式买了一套衣服。可是，当大家看到打扮好的唐岚岚时，竟然全都捧着肚子大笑道：“唐岚岚，你的装扮好奇怪呀！”

为什么一样款式的衣服，夏米穿上很漂亮，唐岚岚穿上就很奇怪呢？答案其实很简单，夏米穿的是最适合自己的衣服，而适合夏米的未必适合唐岚岚。

打扮最重要的不是潮流，也不是名牌，而是适合自己。找到适合自己的装扮，就能有效地突出自己的优点，隐藏身体的缺陷，展现最美的一面。要是打扮不适合，很容易把缺点突出，将优点隐藏，看起来自然很奇怪，很不顺眼啦！

打扮秘笈

如何选择适合自己的装扮?

了解自己的优缺点

全面了解自己的身体，包括身高、体重、身材比例、肤色等，用合适的衣着搭配弥补缺陷。如上半身较胖，尽量选择宽松、亮色的上衣；身材娇小，不要穿太拖沓、冗长的衣服。

注意场合

要懂得什么样的场合穿什么样的衣服。如外出游玩，可以选择宽松休闲、色彩鲜亮的衣服；参加社团学习，最好穿简单利落、颜色朴素的衣服。

学会搭配

注意培养自己的色感和审美能力。比如，什么颜色搭在一起很舒服，哪些衣服组合在一起很适合。通过不断地比较和尝试，渐渐地，我们就会拥有独到的眼光啦！

散发清新的香气

老师重新编排座位后，唐岚岚和夏米成了同桌。刚坐下，唐岚岚就闻到一股淡淡的清香。她竖起鼻子在四周闻了个遍，终于发现香气是从夏米身上散发出来的。

“夏米，你身上喷了什么香水，这么好闻？”

“我没喷香水呀？”

真奇怪呀，夏米没喷香水，身上为什么会散发清香？难道她像含香公主一样，天生带着自然的体香不成？

当然不是了！夏米身上散发的实际上是肥皂和洗发水的气味。如果我们天天洗澡，勤洗头，也会像夏米一样散发香味呢。

拥有了自然而干净的清香，我们的心情会格外舒爽，身旁的人会对我们产生特别的好感，非常乐意接近我们呐！

勤洗澡，勤洗头，勤换衣

好闻的肥皂香味，清新的洗发水香味，还有衣服上被阳光晒过的气息，这些香味和气息综合在一起，会让我们的魅力值大大提升呢。相反，如果不勤洗澡、勤洗头、勤换衣服，就会散发油腻腻的汗臭味，这样的女孩谁会愿意接近呢？

别企图用香水掩盖

身上散发难闻的气味，又不想洗澡，喷上浓浓的香水怎么样？千万不要。汗臭味加上香水味，只会让身体的气味更难闻，就连苍蝇也会赶快躲开啦！

皮肤大作战

“啊——”

清早，浴室里发出一声惊叫。

究竟怎么回事？只见唐岚岚站在镜子前，表情痛苦地看着镜子里的自己——白皙的皮肤上冒出了几颗红肿的痘痘。

“我可是青春无敌美少女，怎么能长痘痘呢？真烦，这叫我怎么出去见人啊！”

长痘痘并不可怕，可怕的是痘痘影响了自己的心情。心情越糟糕，痘痘就会越猖狂，一颗变成两颗，两颗变成一片，那就更恐怖了。

脸上长满痘痘，会给人留下皮肤很不干净的印象。而拥有干净光洁皮肤的女孩子，看起来会更有亲切感，人气也会特别旺。

所以，如果发现自己长痘痘了，不要着急烦恼，还是赶紧行动起来，赶跑它吧！

我的皮肤大作战

清洁脸部

每天早晚用干净的温水洗脸，特别注意T字区的清洁。尽量少用洗面奶，因为洗面奶如果清洗不干净会堵塞毛孔，更容易长痘痘！

注意饮食调理

多吃蔬菜水果，少吃辛辣的食物，保持肠道清洁，体内就不会积压太多毒素，皮肤自然光洁无瑕。

多运动

经常散步、跑步，进行体育锻炼，促进血液循环，气色就会变好，拥有白里透红的皮肤绝对不成问题。

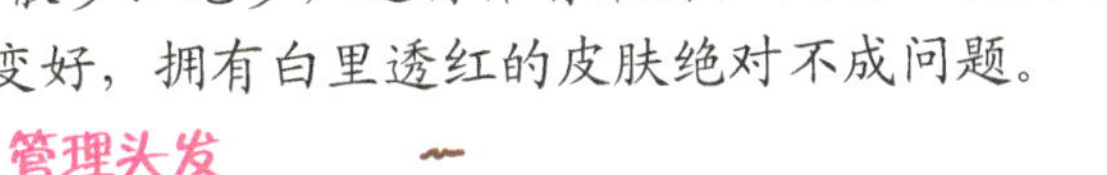

管理头发

不要经常将头发散开，避免头发上的细菌感染脸部皮肤。如果额头容易长痘痘，最好不要留刘海。

管理我的身材

“我长得太胖了，大家总是在背后嘲笑我，不喜欢我。”

“我太瘦了，看起来很没精神，大家给我取了个难听的外号——‘小骷髅’。”

身材太胖，或是太瘦，很容易成为别人取笑的对象。虽然嘲笑别人的行为是不对的，但众口难封，与其去堵住别人的嘴，还不如直接管理好自己的身材，让别人无话可说。

管理身材这样做：

少吃高热量、高脂肪的食物；

多吃蔬菜和水果；

每天坚持必要的运动；

保持良好的坐姿和站姿；

改掉懒惰的坏毛病；

树立自信心，培养由内到外的气质。

健康的敌人

对于处在发育阶段的女孩来说，太胖或太瘦不仅影响美观，还直接对身体健康造成不良影响。过度肥胖，很容易导致多种疾病，如脂肪肝、高血糖等；太瘦又会导致营养不良、发育不良、记忆力减退等问题。

不要盲目减肥！

通过节食、药物治疗来减肥是非常不可取的，这样会严重影响我们的身体健康。多多运动，均衡营养，保持愉悦的身心，才是控制体重的关键！

保持优雅的姿态

“瞧！她走路的样子真好看！”

“我猜她一定学过芭蕾。”

班上新来了一个女生，她无论坐还是站，无论走还是停，始终是一副很优雅的姿态，总让人忍不住多看两眼。大家都猜她一定学过舞蹈，因为舞蹈能雕塑一个人的形体，让她的一举手一投足都变得优雅动人起来。

真的只有学舞蹈才能保持优雅的姿态吗？当然不是啦，只要我们平时多注意，养成正确的坐姿、站姿、走姿，也可以做到像舞蹈生一样优雅。

下面三组图中，哪些姿势是正确的，哪些是错误的，请你分别用“○”和“×”标出来。

相比较而言，哪种姿势更正确，更优雅？你选对了吗？

从现在开始，放弃错误的习惯，像优雅的女孩一样站、坐、走吧！即使你是一个舞盲也没关系，只要你坚持练习，保持正确的姿态，也能练出非凡的气质呀！

我没有好看的脸蛋

我没有娇小的瓜子脸。

我没有明亮的大眼睛，也没有挺拔的鼻梁。

我没有可爱的苹果肌，也没有迷人的小酒窝。

我是那么平凡，走进人群就会被淹没，站在拥有好看脸蛋的女孩身边就会变成不起眼的绿叶。我多羡慕那些长相漂亮的女生，多希望像她们一样人见人爱呀！

世界上有几十亿人口，而像明星一样拥有精致完美外表的人却少之又少，大部分人都平凡又普通。如果我们是大多数中的一员，也完全不需要自卑。因为并不是只有漂亮的女孩才拥有很高的人气。

比起美丽的外表，由内到外散发的气质更具魅力，就像那长时间存放的酒一样，醇香浓郁，久久不能散去。

这样的女孩更迷人：

1. 乐观开朗，常常露出灿烂的微笑；
2. 聪明伶俐，拥有属于自己的才华或特长；
3. 充满自信，无论做什么事都认真；
4. 友爱善良，总是无私地关爱和帮助身边的人。

一代名后钟无艳

战国时期，齐国有一位名叫钟无艳的女子，聪明又能干，可惜生得一张奇丑无比的脸，到了四十岁还嫁不出去。后来，钟无艳向当时齐国的君王齐宣王自荐，指出齐国所处的危险境地，并为齐宣王出谋划策。齐宣王很感动，就立钟无艳为王后，辅佐他治理国家。

让人眼前一亮的小饰品

乌黑靓丽的头发搭配一个闪亮的发卡，瞬间让你像公主一样甜美可爱。

清新淡雅的连衣裙搭配一条精致的项链或蝴蝶结，能让你浑身上下散发淑女气质。

一件小小的饰品，单看并不起眼，如果将它合理利用，就能发挥画龙点睛的作用，提升我们整个人的精神面貌和气质呀！

小饰品，大用处！

可爱的动物发卡：别在头发的一侧，距离耳朵一个指甲盖远的距离上方，让你看起来可爱至极。

颜色淡雅的发带：不管是俏皮的卷发，还是柔顺的直发，发带呈半月形绕在头上，都能给人清新自然的感觉。

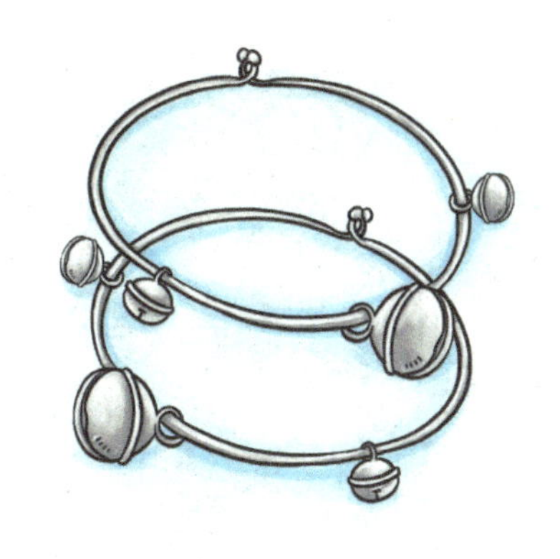

叮当作响的手镯：戴上绑着小铃铛的手镯，走路时会发出“叮叮当当”清脆的铃声，瞬间让你充满活力，变得可爱俏皮！

当然不止这些！各种饰品都有它们各自的作用，只要搭配合适的服装，用对了场合，就能让人眼前一亮！

不过，注意啦！

一次不要佩戴过多的饰品。饰品太多太杂就成了累赘，让人看起来很拖沓，甚至很刺眼。

去学校上课最好不要佩戴太闪亮的饰品。这种饰品不仅让自己没法安心学习，还分散了其他同学的注意力。

语言是我的第二招牌

班上新来的女生名叫秦子萱，不仅样子长得可爱，举手投足也都很有气质，不管是男生，还是女生，都很想认识她！

刚上完一节课，大家就迫不及待地凑到秦子萱身边，对她问东问西。

"秦子萱，你以前在哪个学校读书？"

"秦子萱，你为什么转学呀？"

……

令大家没想到的是，秦子萱突然皱起眉吼道："我正烦着呢，最好别和我说话！"

大家的友好和热情瞬间被浇灭，都识趣地散开了。

秦子萱进入了一个新环境，第一次见面就给大家留下坏印象，以后谁还会主动接近她呢？

千万不要认为说话粗鲁很帅气，很有个性。无论是男孩还是女孩，语言都是我们的第二招牌，如果不会好好说话，一定会使我们的形象大打折扣的。

没有人会喜欢满口粗话、动不动就给人脸色看的女孩，而那些行为大方得体、说话文明礼貌的女孩却能给人带来好感，成为大家交朋友的首选对象。

三种话不说：

1. 脏话粗话不说。
2. 讽刺别人的话不说。
3. 对别人进行人身攻击的话不说。

三种话要常说：

1. “你好”“请问”“谢谢”等礼貌用语要经常说。
2. 真诚赞美和关心别人的话要经常说。
3. 幽默有趣的话要经常说。

很有礼貌的样子

一天，唐岚岚去夏米家做客。她鞋也没脱就进门了，一屁股坐在沙发上，对夏米说："夏米，我口好渴！"

夏米端来一杯绿茶，唐岚岚却皱着眉头问："哎呀，你家没有果汁吗？"

到了吃饭时间，夏米的妈妈在厨房里还没忙完，唐岚岚就坐在餐桌旁开吃了，一边吃还一边评论道："这个淡了一点点，这个有些咸……"

唐岚岚虽然是夏米的好朋友，可是经历了这一次，夏米大概再也不会请她来家里做客了吧，因为她实在太不懂礼貌了。

即使拥有美丽的外表，但在行为和语言上显示出自己的粗鲁和无知，在一定程度上是对自己的不负责，也是对他人的不尊重，这样的女孩很难受到大家的欢迎，也不容易被长辈喜爱。

如何做到讲礼貌

第一步：日常生活中注意使用“请”“谢谢”“对不起”“您好”等礼貌用语。

第二步：遇到长辈、朋友，或见过几次的人，应该主动打招呼，而不是视而不见。

第三步：去别人家做客，不应该像在自己家一样随便，要尊重别人的习惯，讲究必要的礼节。

第四步：吃饭时将碗端起，尽量不要嚼出声音，也不能把好吃的据为己有。

第五步：不在他人面前挖耳朵、剔牙齿、搓身上的污垢、抠脚趾等。

第六步：对父母、长辈说话要恭敬，大人谈话时不打扰、不插嘴。

第七步：不乱动别人的东西，借了东西一定要及时归还。

我爱我自己

“我很喜欢一个女孩。她虽然眼睛不大，却很有神；她虽然不漂亮，笑容却很灿烂；她有时候很调皮，也常常会犯错，可是她积极乐观，做什么都认真……”

“这个女孩是谁呢？”

“当当当当，她就是我自己！”

你是否这样解读过自己，欣赏过自己？当你对着镜子看自己时，是否也能看到自己身上的闪光点，并浑身充满自信的力量？

有些女孩，总觉得自己不够漂亮，或者不够聪明，就越来越讨厌自己，甚至自暴自弃。她们只看到自己身上的缺点，却忘了去发掘自己的优点，渐渐地，缺点被无限放大，优点却被遗忘或被丢弃。这样一来，那个讨厌的自己只会越来越明显，越来越无法让自己去喜欢。

如果我们连自己都不爱了，又如何有心情去关爱身边的人，又如何指望从别人那里获得肯定和爱呢？

一个人想要被人欣赏被人爱，首先得爱自己。

如何爱自己？

- 不要无缘无故地责怪自己。
- 遇到糟糕的事要记得安慰自己。
- 善待自己的身体和心灵，不要给自己过大的压力。
- 经常赞美自己的优点。
- 原谅自己的缺点，并努力帮助自己改正。
- 不可过度自恋和自负。

比起给暗恋的男生写一封信，给自己写一封情书怎么样？你想对自己说什么，就写下来吧！

我的特别之处

“你认识六年级一班的于晓蒙吗？”

“当然认识啦，就是那个声音很好听、很会唱歌的女生嘛！”

“隔壁班有个头发又长又黑的女孩，你知道她叫什么名字吗？”

“你是说黄婧吧！她的头发都快齐腰啦，真让人羡慕呀！”

拥有一样特别之处总是非常引人注目的，也很容易被别人记住。它就像我们的一张名片，为我们打响名声，制造人气呀！

想要将特别之处变成散发魅力的法宝，首先我们自己得好好打理它，千万别让体现个性的优点，变成了多余的或是给自己减分的缺点呐！

比如拥有长发的黄婧，她必须让自己的头发保持干净柔顺，这样才能具有吸引力。如果她的长发乱糟糟的、臭烘烘的，大家一定会离她远远的。

有些人的特别之处一看就是优点，有些人的特别之处却是缺陷。为了不让自己被人嘲笑，我们通常会将缺陷隐藏，而那些无法遮盖的缺陷也成了我们的一道硬伤。

与其让缺陷成为一道自卑的围墙，还不如将它转化成可爱的特点，就像右上图的这个女生一样！

“丽丽，你眼角下的这块红斑是怎么来的？”

“天生的呀！很特别吧，仔细看还有点像心形呢，好像哪个电视剧的女主角也有这样的胎记呀！”

心·灵手巧的我

“颖儿，你的钱包在哪里买的呀？好可爱呀！”

唐岚岚和李颖儿一起去小卖部买东西，李颖儿掏出一个精致的布制小钱包。唐岚岚很吃惊，因为钱包的款式是她从没见过的。

可是，让唐岚岚更加不可思议的是李颖儿的回答：“这是我自己做的！”

李颖儿的手可真巧呀，能自己做出这样漂亮的钱包。这一定会让许多同学羡慕吧！

发挥自己的想象，动动灵巧的双手，缝一个手工小布包，缝一个小玩偶，做一件十字绣钥匙扣，或者自己做一件卡通T恤……我们不仅会从中获得乐趣，还能大大赚得人气呢！一个会制作很多小玩意、小饰品的女孩，常给人留下心灵手巧的好印象。这样的女孩特别有吸引力。

一起来做手工钱包

这些零钱包是不是很可爱呀！赶快准备各种颜色的旧布料、针线、剪刀等，发挥想象来制作手工钱包吧！

拍出清新靓丽的照片

春游结束后，班主任把春游拍的照片贴在教室后面的黑板上。

大家凑过去一看，都忍不住惊叹道："照片中颖儿可真漂亮呀，简直就像杂志里的小模特一样耀眼。"

拍出好看的照片，能给自己的形象加分不少呢！不管是各种证件照、自拍照、艺术照，都是自己的形象名片，能够反映一个人的精神面貌！

自拍照

1. 将相机举高45°倾斜，就会让自己的脸显得小小的。
2. 伸长手臂，让相机离脸尽量远一些，这样五官才不会很夸张。
3. 保持会笑的眼睛，这样看起来才不会很死板。
4. 懂得掩饰自身的缺陷，脸太大就低头，鼻子扁就侧一点。

漂亮的全身照

直直地站在画面中间，遮住了后面所有的背景，这样的照片看起来会不会很死板呢？拍全身照时应该提醒照相的人，将我们放在画面大约三分之一处，这样的照片才会和谐而充满美感。拍照时不用一直看镜头，可以表现出不经意的样子，望向远方，这样拍出的照片更有意境啊！

难拍的证件照

唐岚岚的苦恼：我最头痛的事就是拍证件照。证件照似乎有一种魔力，总能把人拍成最丑最死板的样子。有一次，大家看到我的学生证，上面的证件照非常难看，我被嘲笑了一整天呢！

李颖儿的妙招：下次拍证件照记得穿色彩明亮的衣服，梳一个干净利落的发型。拍照时保持微笑，端正坐姿，眼睛稍微睁大一点。这样拍出来的证件照就不会很难看啦！

我是不是太爱脸红了？

“前面的那位女生，请等一等！”

高年级的男生突然叫住了唐岚岚，她的心跳莫名其妙地加快了，脸上突然一阵发热，瞬间红得像熟透的苹果。

“什——什么？”

“不过是问个路嘛，至于害羞成这样吗？”高年级的男生心里这样想。

“唐岚岚，你来回答这个问题吧！”

上课时，被艾老师点名回答问题，唐岚岚的脸又像在微波炉里加热了一样，迅速红了起来。

这个问题很简单呀，至于紧张成这样吗？身旁的同学们也不能理解。

容易脸红的女孩，是因为害羞，也因为紧张，可是最根本的原因是自卑。因为对自己不自信，总是担心自己说错话、做错事，更害怕别人会讨厌自己。一遇到小小的突发状况，神经就会绷得紧紧的，显出慌张的样子。这样一来，更容易出错，甚至闹出笑话。

容易脸红的女孩通常给人很脆弱的感觉，似乎说不得也碰不得。大部分人为了避免不必要的误会和麻烦，通常选择敬而远之。于是，这样的女孩通常形单影只，很难拥有知心朋友。

容易脸红虽然是一种生理特征，看起来很难改变，但是只要找准方法，也可以化脸红为大方的笑容啊！

不再脸红的绝招

- 不要因为脸红而焦虑和苦恼，允许它自然地存在。

- 加强自信心的培养，鼓励自己多发言，多和别人交流，即使你会因此而脸红。

- 看到自己的长处，努力培养自己的兴趣爱好，让自己在成功中找到自信。

自信让我美三分

你常常说这样的话吗?

“我身材不好,跳舞一定很难看啦!”

“我一个人肯定不行,你能不能帮我一起完成这件事?”

“就要上台了,好紧张呀,脑袋一片空白!”

如果总认为自己什么也做不好,总缩在自己小小的世界里,不敢在他人面前表现自己,又如何让别人认识我们,了解我们,然后亲近我们呢?一个不自信的女孩,就像埋在土里的珍珠,即使价值连城,也不容易被人发现,自然无法获得人气啦!

其实,每个女孩的身上都有着独

特的光芒，有属于自己特有的魅力，也都有值得骄傲的资本，我们要做的就是用自信来诠释。

大方地展示自己的优点和特别之处，就会迎来关注的目光，这样一来，想要没有人气都难啦！即使暂时做得不好也没关系，不要气馁，只要勇敢跨出了第一步，我们一定会变得越来越好，越来越棒的。

下一次，我会这样说：

“我虽然身材不怎么样，但身体柔软，协调性好，我也可以跳舞。”

“只要认真一点，用功一点，我一个人也能完成这件事。”

“别紧张，我已经准备好了，一定能出色地完成这次演出。”

自信法则

1. 摆脱对他人的依赖，试着独立完成一件事。
2. 掌握一门特长，并努力练习，一步一步做到更好。
3. 勇于表现自己，即使做得不好，也要去尝试。
4. 从小事做起，为自己制订可行的目标，并脚踏实地地完成好。
5. 肯定自己取得的小成绩，并提醒自己再接再厉。

我有主见吗？

“夏米的文具盒真漂亮呀，改天我也买一个。”

“咦？我的答案怎么和别人的不一样，一定是我算错了。”

“他们说我穿这条裙子不好看，以后再也不穿了。”

唐岚岚就是这样的：看见别人买了什么好东西，自己就想买；发现自己和别人的观点不一样，总觉得自己出了错；而且特别在意别人对自己的看法。这让她毫无主见，很容易受别人的影响，总是别人说什么就是什么。她以为这样能获得好人缘，可让她失望的是，她并没有想象中那么受欢迎。

一个缺乏主见的女孩，一遇到事情就不知所措，拿不定主意，总想着让别人来帮忙做决定，渐渐地就会失去自我，最终成为人群中最不起眼的那一个。当我们的存在变得可以忽略不计，还有谁能注意我们呢？我们又如何获得人气呢？

有主见的女孩不仅是自己的领导者，通常还能在集体中充当意见领袖的角色。这样的女孩无论到哪儿都是焦点，都能赢得关注与喝彩。

如何让自己变得更有主见？

- 遇到问题先独立思考，试着自己去解决问题。
- 独立完成作业和练习，尽量不要和其他同学对答案。
- 有什么想法一定要及时说出来，不要因为和别人不一样就藏在肚子里。
- 做事情干脆果断一些，不要总是犹犹豫豫。
- 相信自己的眼光。
- 按自己的想法做一件事，即使失败了，至少知道自己错在哪里，告诉自己下一次不要犯同样的错误。

做什么都认真

唐岚岚平时嘻嘻哈哈的，就像小猴子一样闹腾，可是她一学习起来就像变了个人似的，特别认真，一丝不苟。

“唐岚岚，我们去跳绳吧！”

“不行呀，我这道题还没算出来，你们先去吧！”

“唐岚岚，做不出来就算了，反正明天老师会讲的。”

“那怎么行，我可是唐岚岚呢，这不是我做事的风格，我一定要自己算出来！”

一个人在认真思考时，会不自觉地流露出专注的眼神和表情，这时候的女孩会散发独特的魅力，放射出强大的磁场，吸引别人的注意力哟！比起那些眼神涣散，做事吊儿郎当的人，专注的女生更能赢得大家的青睐。

专注的居里夫人

居里夫人一看书就着迷，仿佛进入了另一个世界，周围什么事情都不知道了。有时候，女伴们见她这副样子很有趣，就想方设法捉弄她，结果她却全然不知，还是沉浸在书本里。正因为她做什么都很专注，才在后来发现了“镭”，成了著名的科学家，成为流芳千古的传奇女性。

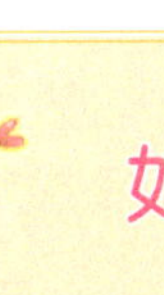

如何做个专注的女生？

- 一次最好只做一件事，不要三心二意。
- 做任何事都有始有终，不要半途而废。
- 有排除干扰的能力，不要经不起诱惑。
- 做事有条理，能够分清事情的主次。

我爱学习吗？

课堂上，她总是认真听课，积极参与课堂互动。

下课后，她经常向其他同学或老师请教各种学习问题。

放学后，她总是先完成作业，再去做其他的事情。

课余时间，她常常去图书馆看书。

这样的女孩不仅受到老师的喜爱，还是大家学习的楷模。比起那些学习懒散的同学，这样的女孩更有吸引力，她们无论在哪里都具有强大的磁场，会迎来关注和钦佩的目光啊！

因为爱学习，你会变得越来越优秀，自信心也会大大增强，而自信心会提升你自身的魅力哟！

因为爱学习，你会了解各种各样的知识，变成大家眼中的“万事通”，以后同学们有什么问题，一定第一个想到你，你的人气指数就会节节攀升。

因为爱学习，你会成为大家心目中学习的好榜样，具有榜样气质的女生，人气一定很旺的。

拥有一样出众的才干

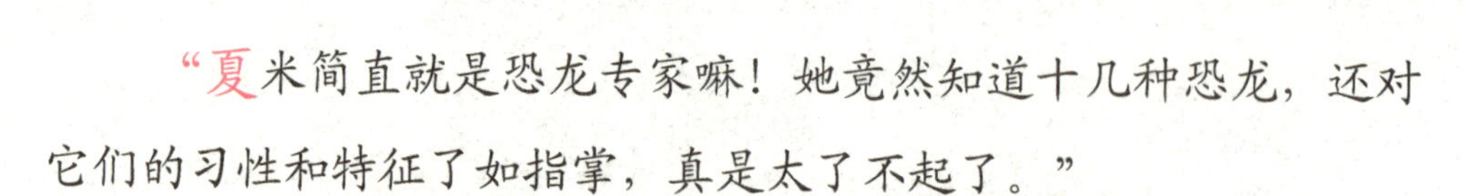

“夏米简直就是恐龙专家嘛！她竟然知道十几种恐龙，还对它们的习性和特征了如指掌，真是太了不起了。”

自从夏米的这一项特殊才能被同学们知道后，她便成了班上的人气女王。她的座位旁常常挤满了同学，大家都想了解神奇的恐龙世界。一讲到恐龙，夏米就有说不完的故事和稀奇事儿，每个同学都听得有滋有味，对夏米佩服得五体投地。

而夏米呢，也从来不吝啬，只要是她知道的，她都会毫无保留地说给大家听，还把她心爱的《恐龙百科全书》借给大家看呢！

拥有出众的才华，能让我们在最短的时间散发迷人的光芒，成为“万众瞩目”的焦点！找到自己最擅长的领域，并积极表现出来，是我们获得人气的捷径！

1. 寻找出众的技能

跳舞、心算、手工制作、魔术，只要是你自己喜欢的，并比其他方面更突出的，都可以称为出众的才干。

2. 勤奋努力地练习

虽然你在某方面的才能很突出，如果不勤加练习，再擅长的事情也会慢慢生疏，最后再也不能驾驭。只有不断练习，不断提升，才能让才华越来越出众！

3. 保持谦逊的态度

即使你在某些方面非常了不起，也不能够骄傲。骄傲不仅是进步的最大阻碍，还会使我们失去人心！

第2章

好人缘，为你的人气加分

帅气十足的女生

班上有些男生真无聊，总喜欢捉弄女生，有时候甚至把女生弄哭了。可是，只要唐岚岚在的时候，就没有男生敢轻举妄动。

每当有男生欺负女生，唐岚岚就会像女超人一样跳出来，对男生说：“欺负弱女子算什么男子汉，有本事和我比一比！”

谁不知道唐岚岚是跆拳道高手！男生们只好识趣地离开啦。

在许多人看来，娇弱、胆小似乎成了女生的代名词，像唐岚岚这样霸气十足的女生还真是异类呢！不过这样的个性也很受大家欢迎呢。特别是女生，简直把唐岚岚当成保护她们的女侠了！

坚强、勇敢、义气并不是男生的专利，女生要是拥有了这些好品质，必定变得比这样的男生还要帅气，还要有魅力呢。

我是帅气的女生

勇敢、胆大

“蟑螂、老鼠没什么好怕的，我比它们大几十倍，它们应该更怕我才对！”

不害怕各种小动物，对鬼神表示无畏，那可真是女中豪杰呀，这样的女生真是不得不让人佩服呀！

有一颗坚强的心

“不就是打针吗？没什么的，就像被蚊子叮了一口嘛！”

打针、受伤都不哭，哪怕遇到挫折也要笑一笑，这样强大的内心怎能不让人折服呢？

敢作敢当

“这件事是我做得不对，我向你道歉。”

明事理，勇于承担责任，不拐弯抹角，也不扭扭捏捏，有谁能抵挡这种女孩的魅力呢？

让人刮目相看

“这件事男孩能做，我也可以做到。”

始终相信世界上没有什么事分别贴上了男孩和女孩的标签，只要自己有决心，肯努力，就一定能做好。这简直就是现代版花木兰嘛！

向日葵一般的心

有一次，夏米参加歌唱比赛落选了。

唐岚岚知道了这件事，心想：夏米一定非常难过吧！我应该找个机会安慰安慰她。

可奇怪的是，当唐岚岚来到教室时，看见夏米和同学聊得正开心，就好像什么事也没发生似的。

这究竟是怎么回事呢？难道夏米是在故作坚强？还是她已经自暴自弃了？

那么，我们来听一听夏米的解释吧！

“其实都不是啦！我只是觉得，如果一直想着失败的事情，只会让自己更加伤心难过，抱着这样的心情什么都做不好。与其这样，还不如多想一些开心的事，调整好自己的心情，继续努力，让自己在下一届比赛中有更出色的表现。”

夏米的想法实在太振奋人心了，在她的影响下，身边的人也变得积极乐观起来。瞧！只要有夏米在，那里总是充满了欢声笑语。

一个心态乐观的女孩，就像一朵美丽的向日葵，总是传递着积极向上的信息，总能让身边的人闻到愉悦的花香，感受到向上的力量。没有人不喜欢和这样的女孩交朋友，也没有人能抵挡住她们传递的正能量。

名人教我们乐观

欢乐是希望之花，能够赐给她力量，使她可以毫无畏惧地正视人生的坎坷。

——巴尔扎克

开朗的性格不仅可以使自己经常保持心情的愉快，而且可以感染你周围的人们，使他们也觉得人生充满了和谐与光明。

——罗兰

别那么骄傲

李颖儿长得漂亮，成绩也很优秀，还连续两个学期担任班长。按理来说，她应该具有超高的人气才对。可实际上呢，才貌双全的李颖儿最近却不怎么受大家欢迎，这是怎么回事呢？

我们来看看最近的李颖儿是怎样的。

这下知道李颖儿为什么不受欢迎了吧！不管谁和她说什么，她总是急于表现自己，觉得自己是最棒的，实在有点太骄傲了。

太过骄傲的女孩眼中只有自己，喜欢自以为是，话语中不是充满了对别人的不屑，就是总觉得自己比别人厉害。仔细想一想，谁愿意自讨没趣，和这样的女孩做朋友呢？

所以，即使再优秀，也应该保持谦虚的态度。这样的女孩更亲切，更能拉近和朋友之间的距离！

骄傲就是自信吗？

当然不是啊！自信是一种积极的态度，它使人乐观向上，更加勤奋努力；而骄傲则是盲目乐观、极度自负的表现，常会让人不思进取。自信的人总是为身边的人传递正能量，鼓励大家一起进步；而骄傲的人只看到自己的成绩，几乎不把别人放在眼里。

如何做到可爱的搞笑？

班级里有没有这样的人：有她（他）在的地方，总是充满了欢声笑语；不管谁不开心，只要听她（他）说上几句话，什么烦恼都没有啦；她（他）很搞笑，但又不失可爱，是大家的开心果。

没有人会讨厌幽默的人，也很少有人能抗拒幽默的亲和力！具有幽默感的人，走到哪里都会引人注目。

如何培养幽默感

幽默感可以是与生俱来的，也可以通过后天培养！

适当地调侃自己，容易让他人觉得很有亲切感。

多运用有趣的肢体语言，配合搞笑的话语。

时不时冒出几句冷笑话，说的时候自己不要先笑呀！

把话说得稍微夸张一点，但别让人误会成吹牛。

不可爱的搞笑！

如果为了搞笑而诋毁别人，伤害别人，这样的幽默就变得一点也不可爱。所以，在说一些有趣的话时，千万不要拿别人的短处和缺陷开涮，也不要带有讽刺的意味，那样只会让大家很反感咯！

人气女生的包容量

“世界上最广阔的是海洋，比海洋还广阔的是天空，比天空更广阔的是人的胸怀。”

一个人如果有气度，懂得包容他人，她（他）的胸襟就比天空还广阔。这样的人从来不斤斤计较，不会揪着别人的小错误不放，而且有一颗从容乐观的心。和这样的人相处，不用担心哪句话说错了会惹她（他）生气，也不用每天算计这算计那，总会觉得特别地轻松自在。

做一个包容量大的女生，一定能成为人气女王的！

快来测一测，自己的包容量有多大。

（A：1分 B：2分 C：3分）

1. 走在路上，被人踩了一脚，对方径直走掉了，你会怎么做？

A 以牙还牙，踩对方一脚。

B 立刻要求对方道歉。

C 拍拍鞋面，继续走自己的路。

2. 有同学在背后说你坏话，传到了你的耳朵里，你会怎么做？

A 在其他人面前说她（他）的坏话。

B 立刻质问对方。

C 当作没这回事。

3. 你和朋友因为某事吵起来，对方气呼呼地离开了，你会怎么做？

A 再也不理她（他）。

B 等对方道歉再理她（他）。

C 主动去道歉。

●≤3分

绿豆大的包容量。你的气量实在有点儿小啊，总是容易为一点点小事生气。这样一来，你身边的朋友会越来越少的！想要找回流失的朋友，首先要改变自己的态度，凡事从别人的角度想一想。

3分 < ● < 9分

西瓜大的包容量。你是个直来直去的人，心里有什么事总藏不住，但只要说出来了，你心里的烦恼就会烟消云散，气度不算小，但也不大！别那么冲动，遇事先反省自己，你会变得越来越大方可爱的。

●=9分

天空大的包容量。你的胸怀简直比天空还广阔呢！不管遇到什么事，你都有退一步的气量。不过，我们可不要成为什么都退让的“老好人”呐！遇到原则上的问题，我们还是应该保障自己正当的权益。

信用为我加分

一大早，秦子萱就对唐岚岚说：“下午的体育课要练习羽毛球双打，我们俩一组行吗？”

“好呀，没问题！”唐岚岚爽快地答应了。

可是，中午的时候，夏米又跑过来对唐岚岚说：“岚岚，体育课我和你一组怎么样？”

唐岚岚实在有些为难，可是她转念一想：夏米打羽毛球比秦子萱厉害多了，和她一组不是更好吗？于是，她又答应了夏米。

唐岚岚答应了和秦子萱一组，转而又同意和夏米一组，她这样做的后果会怎样呢？显而易见，秦子萱一定会因此受到伤害，甚至有可能生唐岚岚的气呢！

做人不是应该讲信用吗？答应别人的事一定要说到做到，不要出尔反尔，这是对别人的一种伤害，也为自己的形象贴上了“不值得信任”的标签。一个不讲信用的人，必定得不到别人的信任，也很难交到知心的朋友呀！

信用搭起友谊的桥梁，拉近我们与朋友之间的距离，也让我们无论走到哪里都能赢得信赖的目光。

关于诚信的名言

一言既出，驷马难追。

——中国俗语

对人以诚信，人不欺我；对事以诚信，事无不成。

——冯玉祥

一诺千金

秦末有个叫季布的人，一向说话算话，信誉非常高，许多人都很钦佩他。当时流传着这样一句谚语："得黄金百斤，不如得季布一诺。"后来，季布得罪了汉高祖刘邦，被悬赏捉拿。结果他的朋友们不仅没被赏金诱惑，还冒着被杀头的危险来保护他。可以说季布靠着平时信用的累积救了自己一命。这就是"一诺千金"的故事。

保持一颗公正的心

一轮紧张的小考过后，小组长开始收本组的试卷。第三组的小组长黄婧从后往前一个个收着，当她走到同桌于晓蒙面前时，于晓蒙一脸哀求地小声对她说："我还有一道题没写完，通融一下啦！"

黄婧默默点了点头，然后继续往前走，走到坐在第一排的李壮壮那儿时，凶巴巴地对他喊道："快点把试卷交上来。"

李壮壮也像于晓蒙一样恳求道："再给我一分钟的时间，我还差一点儿。"

“不行！”话音刚落，黄婧一把抢走李壮壮的试卷，趾高气扬地离开了。

对待普通关系的同学严厉苛刻，对待朋友却通融三分，一次两次似乎没什么，可是时间一长大家必然会有意见，认为黄婧徇私舞弊，不讲公正，今后谁还愿意信服她呢？

不管是谁，想要获得大多数人的认可，都应该保持一颗公正的心，对待任何人都一视同仁。不要以为偏袒是对朋友的爱护，实际上，这种做法只能将朋友和我们自己都变成众矢之的，被众人排斥。

你也不想这样吧！那就千万别丢掉了“公正”。

- 始终站在正义和真相这一边。
- 不偏袒朋友。
- 不故意刁难讨厌的人。
- 养成独立思考的好习惯。
- 以身作则，对待自己也要像对待他人一样严格。

我患了公主病吗？

非常在意自己的外表，总是不停地照镜子，整理衣服；

有时候会为自己某个细微的部位不理想而苦恼；

不屑于和长相平凡的同学做朋友；

很在意别人对自己的评价和看法；

总把自己当成女主角，希望被所有人包围与呵护；

缺乏自理能力，不愿意吃苦。

以上特征你中了几条呢？这些可都是公主病的常见症状。患了公主病的女孩，成天爱幻想、爱虚荣，希望自己像公主一样，住在华丽的王宫里，有许多仆人服侍，而自己就像豌豆公主一样，即使床上垫了20床鹅绒被，也还是会被最底层的豌豆硌着。

可是，一旦被现实的冷水泼醒，一旦面对小小的挫折，患上公主病的女孩就会变得非常脆弱，甚至一蹶不振。

严重的公主病简直就是交朋友的一道屏障，因为很少有人受得了过分自我的人，也没有人愿意永远甘当受气的绿叶，更没有人喜欢跟一个成天哭哭啼啼的娇小姐做朋友。

脏话会脱口而出吗？

“王小超，你这个×××！”

一大早，教室里就传来唐岚岚歇斯底里的叫喊声，真不知道那个叫王小超的男生怎么得罪她了。

班上不管是女生还是男生都不敢招惹唐岚岚，要是一不小心得罪了她，她可是什么话都骂得出来的。

有些女生以为爱说脏话很帅气，其实完全不是这么回事。

一个表面上漂漂亮亮的女生，一开口却脏话、粗话连篇，顿时给自己的形象减了不少分呢！

说脏话是一种很没素质的表现。

在长辈面前说脏话，会让长辈觉得我们很没教养，很没礼貌。

在同龄人面前讲脏话，会让别人觉得很难接近，很难做朋友。

而在陌生人面前说脏话，直接损害第一印象，让别人直接放弃想要认识你的念头。

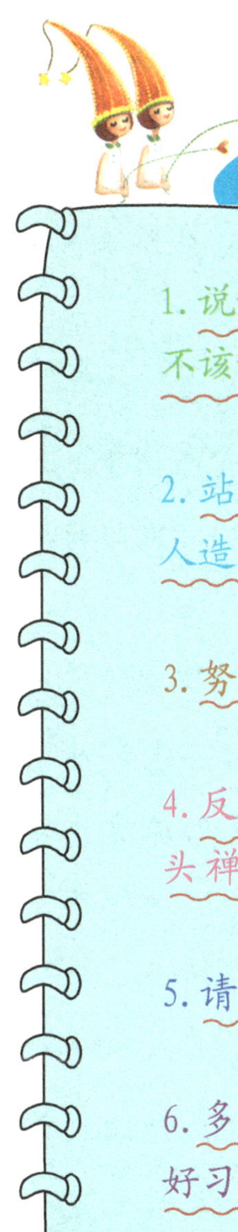

戒掉说脏话的坏习惯！

1. 说话之前请三思，想清楚什么话该说，什么话不该说。

2. 站在别人的角度想一想，不要说一些可能对别人造成伤害的话。

3. 努力克制自己的情绪，不要动不动就生气。

4. 反省自己爱说哪些脏话，不要拿脏话当口头禅。

5. 请身旁的朋友监督和提醒自己。

6. 多与文明礼貌的人相处，在他们的影响下养成好习惯。

幽默的自我介绍

新学期开始的第一天，同学们谁也不认识谁，老师让大家进行自我介绍。

其中，有个女同学的自我介绍让人记忆犹新：

“各位同学，你们好！小女子姓朱，名珠，今年11岁。别误会，此二朱（珠）非彼猪，前朱是朱德的朱，后珠是珍珠的珠……”

朱珠的自我介绍还没说完，教室里已经发出阵阵笑声。一次自我介绍下来，所有人都记住了朱珠这个有趣的女生，恐怕想要忘记都难啦！

唐岚岚心想：哇！要是我的自我介绍也能这样精彩，大家一定会当时就记住我。

别出心裁的自我介绍能让我们在新的环境中脱颖而出，在最短的时间内抓住所有人的眼球，让自己毫不费力地被别人记住啊！

人的记忆很奇怪，总是特别容易记住新奇的，而容易忘记普通平凡的。比起做一大堆事来引起别人的注意，一次不同凡响的自我介绍威力要大得多。

注意啦！

自我介绍可以夸张，但不能造假、胡说八道；

自我介绍可以幽默，但不能粗鲁；

自我介绍可以不拘泥于固定形式，但不能令人不知所云；

自我介绍一定要清晰简洁，不要说太多废话。

发挥想象力，为自己设计一个特别的自我介绍吧！

别老说“随便”

“唐岚岚，你想吃什么？”

“随便啦！”

“唐岚岚，星期天我们去哪里玩呀？”

“随便呀！”

“唐岚岚，这两个玩偶你选哪一个？”

“随便吧！”

夏米实在弄不明白，唐岚岚为什么老爱说“随便”，总是把做决定的难题交给她。有一次，夏米实在无法忍受了，就气呼呼地对唐岚岚说：“你干吗老说随便呀？”

唐岚岚顿时觉得很委屈，因为“随便”成了她的口头禅，她还以为这样显得自己很随和，很好说话呢！原来事实并不是这样啊！

总说“随便”，总把决定权交给别人，难道真是随和的表现吗？对听的人来说，可不是这样的！**一句“随便”很容易就暴露出我们没有主见，也会让对方觉得我们在敷衍，对对方提出的问题好像不感兴趣。**

“随便”说多了，自然会让人感到厌烦！所以，我们还是尽量少说“随便”吧！

如果实在没法子做决定，不说“随便”又可以说什么呢？

当对方问我们：“你想吃什么？”或“你想去哪里玩？”我们可以真诚地回答：“我一时想不出来，要不你推荐一下！”“×××你觉得怎么样？”

做先打招呼的那一个

“早上好！”

“嗨，我们又见面了！”

“你好！很高兴认识你！”

人和人之间的交往和相处往往从打招呼开始，一声问候拉近两人之间的距离，也为彼此成为要好的朋友打下坚实的基础。而总是能先打招呼的女生一定拥有出乎意料的好人缘，因为主动和热情，让她在交朋友这方面得到了比别人更多的机会，因此她认识的朋友也会比其他人多得多呢。

然而很多女生往往很难做到这一点。同样是无法先向别人打招呼，她们的理由却不一样。

于晓蒙说：“我胆子很小，每次和别人打招呼总觉得怪不好意思的。”

这类女生缺乏勇气，生怕被对方忽略，或害怕自己因不会说话而闹出笑话。

艾老师的小妙招：多多锻炼自己的胆量是胆小型女生的必修课。先找最熟悉的人作为自己的练习对象，再把范围扩展到认识的老师、长辈、不太熟悉的人……

李颖儿说：“我干吗要先打招呼，为什么别人不能先向我打招呼呢？”

这类女生心气很高，习惯以自我为中心，认为实在没有必要低声下气地讨好别人。

艾老师的小妙招：首先要认识到放低自己才能抬高自己。看到自己身上的不足，努力寻找别人身上的闪光点，让自己因为想要认识一个人而主动和她（他）打招呼。

秦子萱说：“我和她又不是很熟，突然向她打招呼很奇怪啊！”

这类女生总局限在自己的小圈子里，不愿意结交新的朋友。

艾老师的小妙招：多一个朋友就像多一位老师，时刻告诉自己，不断认识新的朋友，才能提高自己，才能开阔自己的眼界。这样一来，你就有主动向别人打招呼的动力啦！

不要在交谈中走神

“你刚刚说了什么？”

“不好意思，你能再说一遍吗？”

当两人在聊天时，对方突然冒出来这样的话，这说明她（他）正在走神。遇到总是走神的谈话对象，原本的好心情是不是一下子全被浇灭了呢？

仔细想一想，有时候我们是不是也会这样呢？

当对方在说一些我们不感兴趣的话题时，我们会本能地东张西望，脑袋里开始不自觉地思索别的事情。我们以为自己表现得并不明显，实际上眼神和语言上的破绽已经出卖了我们，直接传递给了对方。

走神可是聊天的一大禁忌，它不仅能终止一次交谈，还可能让我们失去知心朋友呢。在交谈过程中，千万不要走神，这样我们才能获得对方的信赖，交到知心的朋友！

从现在开始，别再走神啦！

什么都知道一点儿

“这首歌我听过，我也很喜欢呐！”

“你说的这本书我看过，它讲的是……”

“你说前段时间那个新闻呀，好像是说……”

夏米为什么和谁都聊得来呢？因为无论别人说什么，聊什么话题，她总知道一些，并说得头头是道。在大家看来，夏米真是无所不知啊！

其实，她并没有大家想象中那么厉害，她只是爱看新闻，爱了解时事，也喜欢吸收各种有趣的信息。渐渐地，她的脑子就像一个大仓库一样，储存了大量信息，不管大家谈什么，她总能在这个仓库中找到需要的。

和一个什么都知道一点儿的人聊天总会特别轻松自在，因为任何话题都能让双方畅所欲言，挖掘出其中的乐趣！

如何让自己什么都知道一点儿？

经常看报，看杂志，了解时事。

多去图书馆看书，增加自己的阅读量。

多参加学校组织的各种活动，有机会多和家人一起去旅行，增长见识，开阔视野。

用心吸收别人讲述的有价值的内容，将它们变成自己的知识。

非常重要的注意事项

1. 什么都知道一点儿，并不是值得炫耀的资本，不要在谈话中夸夸其谈，也留给对方一些发挥的空间吧！

2. 不要不懂装懂。明明不知道是怎么一回事，却装出一副很在行的样子，这样很容易闹出笑话，也容易让对方反感。

3. 在什么都知道一点儿的基础上，最好有一项特别精通的知识。

说话别那么严肃

下课后，唐岚岚拿着课本凑到李颖儿的课桌前，问道：“颖儿，你知道这道题怎么算吗？”

李颖儿拿过唐岚岚的课本，仔细看了看题目，然后严肃认真地讲解起来。讲了一遍，唐岚岚没能理解，眨巴着大眼睛无辜地望着李颖儿。李颖儿皱了皱眉，一脸严肃地对唐岚岚说：“我最后再讲一遍，你仔细听好。”

李颖儿的样子就像严厉的老师，吓得唐岚岚不敢多说话。等李颖儿一讲完，唐岚岚赶紧说了声谢谢，灰溜溜地跑掉了。后来，唐岚岚学习上有什么不懂的，再也没问过李颖儿。

李颖儿的苦恼： 我很耐心很认真地为唐岚岚讲解题目，并没有不耐烦，为什么唐岚岚不但不领情，还渐渐疏远我呢？

艾老师来解答：有些人并没有坏心眼，做什么都认真仔细，也很愿意帮助同学，却并不受欢迎，这究竟是为什么呢？这都是因为她们和别人交谈时太严肃了，让对方感到很有距离，很难亲近啊！

在一个轻松的氛围中，要是有人总说一些严肃的话，摆出一副严肃的表情，会让气氛顿时变得很沉闷，直接影响其他人的好心情。和不苟言笑的人说话实在是件很吃力的事，所以一旦有欢快的聚会，有趣的聊天，这类人往往会被大家排除在外的！

说话别那么严肃！

- 和别人交谈时保持淡淡的微笑。
- 说话委婉一点儿，不要那么直白。
- 说话间时不时冒出一句风趣的话。
- 不要使用质问的语气。
- 说话时多使用感叹词，少用祈使句。

吸引人的说话方式

唐岚岚一直想不通，为什么只要夏米一开口，大家总会聚精会神地听她说话，而自己说话的时候，没说几句大家的眼神就开始不集中，有时候甚至直接转移话题呢？

“每次夏米谈论的话题也很普通呀！为什么大家都愿意听她说呢？”

其实，说话有没有吸引力，不仅取决于谈论怎样的话题，还跟说话方式有很大关系！有些人讲一些再普通不过的事，也能讲得绘声绘色，吸引听众的注意；而有些人即使讲爆炸性新闻，也能描述得索然无味，直让人哈欠连天。

吸引人的说话方式

引人注意的开头

开头是否具有吸引力，是整段话内容能否抓住人心的关键。

悬念式开头——你们绝对想不到，刚刚发生了什么事……

幽默式开头——想必你们都看过《米老鸭和唐老鼠》吧！（米老鸭？唐老鼠？）

直入主题式开头——今天摔了个四脚朝天。上学的路上……

思路清晰，有条理

在脑子中整理好要说的内容，再条理清晰地说出来，能让听的人跟着我们的思路走。要是东一句，西一句，不知所云，自然很容易让人走神啊！

长话短说

精简说话的内容，让每一句话都是浓缩的精华。每个人集中注意力的时间都是有限的，如果说话太冗长，会让听的人越来越疲惫。

点到为止

不要对说过的话做太多解释，说话间要有停顿，让听众在听完后有意犹未尽的感觉。

她的表情说明什么

“你可不知道，我今天看见一个胖乎乎的女孩，走路可逗了……”

唐岚岚和朱珠正在聊天。聊着聊着，朱珠的脸色突然沉下来，唐岚岚却全然不知，继续眉飞色舞地说着她遇到的趣事儿……

“然后啊，那个胖子……”

突然，朱珠猛地从椅子上跳起来，气呼呼地走掉了，剩下唐岚岚一人愣在原地。

唐岚岚这才反应过来，朱珠也是个胖嘟嘟的女生，她最忌讳别人谈论胖的人。虽然唐岚岚是无心的，但确实对朱珠造成了伤害，要是她早一点觉察到朱珠不对劲的表情，就不会犯这样的错误了！

我们在和别人说话时，也要学会察言观色。她（他）是否对这个话题感兴趣？她（他）是否有些不愉快？她（他）是否有话要说？这些全都会反映在表情上。如果我们能随时观察并理解别人的表情，并知道如何应对，就能成为交谈高手了！

如何察言观色？

“相由心生”，即使别人不开口说话，我们也能通过她（他）的表情、眼神、动作得知她（他）内心的想法！

如果我们正说着话，对方的表情突然变得很严肃，拳头渐渐握紧，说明她（他）现在有些生气，我们就应该注意说话的方式，或委婉地转移话题，防止矛盾激化。

如果是第一次见面，对方总低着头，笑容很拘谨，手不知摆在哪里，说明她（他）现在很紧张，我们可以谈论一些轻松有趣的话题，缓和对方的情绪。

如果对方欲言又止，说明她（他）有话要说，但很难开口，这时候我们应该委婉地引导对方说话，而不是只顾自己说。

她需要的只是一个听众

"唐岚岚，我今天真倒霉，早上呀……"

还没等李颖儿说完，唐岚岚一副感同身受的样子，赶紧插嘴道："我跟你一样，就在刚刚……"

李颖儿只想找个听众倒倒苦水，没想到最后自己却成了对方的听众。看着唐岚岚就像关不住的水龙头，一个话题接一个话题地丢出来，李颖儿完全提不起精神，心情也变得越来越糟糕。

很多人在心情不好的时候，就想把内心的情绪发泄出来，想找一个人倾诉倾诉。不好的情绪发泄了，想说的话说出来了，心情自然就会变开朗。这时候，我们往往不需要安慰，也不需要建议，只要有人静静地倾听就好了。

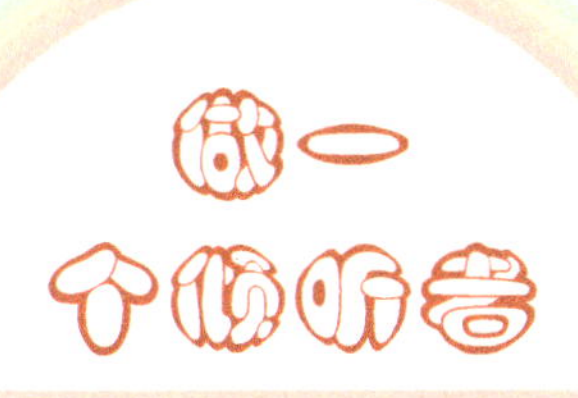

1. 当对方倾诉烦恼时

当对方向我们诉说她（他）的烦恼时，如果我们不知道如何去安慰，就试着感受对方的烦恼，用真诚的眼神告诉她（他）：“我理解你！”

2. 当对方抱怨某事或某人时

对方一脸怨气地向我们抱怨某件事或某个人，甚至说出一些很难听的气话，这时候我们不应该火上浇油，而是要静静地听对方发泄完，等对方冷静下来再进行劝说。

3. 当对方正讲到兴头上时

对方越说越起劲，完全沉浸在自己所讲的事情上，我们应该耐心倾听，不要扫兴打断，更不要肆意插话。

不要一副不耐烦的样子

有人找唐岚岚帮忙，她通常会说：“有事快说，我正忙着呢。”

有人告诉唐岚岚一件事，她的口头禅是：“好了，好了，我知道了！”

有人没能理解唐岚岚说的话，她就会说：“哎呀，我跟你说多少遍了，你怎么……”

总之，唐岚岚不管遇到什么事，和任何同学说话，总表现出一副很不耐烦的样子。时间一长，大家都不敢“招惹”她了。

有时候，我们说话不耐烦并不是因为心情不好，也不是讨厌某个人，只是一种说话习惯，可是对方会误认为我们很讨厌她（他），不乐意和她（他）说话。对方有了一次不愉快的经历后，自然就不愿意再自讨没趣了。于是，我们又失去了一个朋友。

所以，我们在说话时一定要注意自己的语气，处理事情时要注意自己的态度，时刻为他人着想，考虑别人的感受。

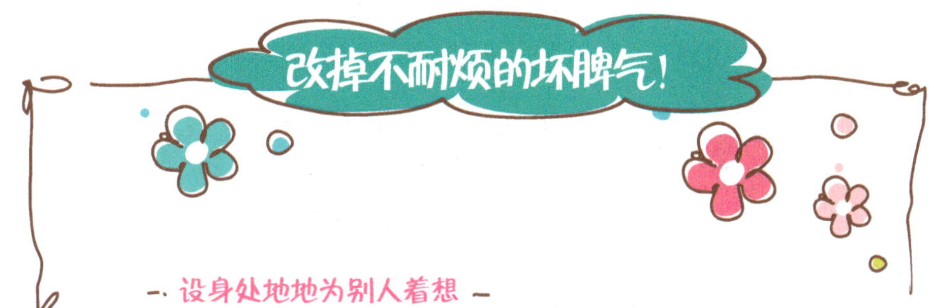

改掉不耐烦的坏脾气！

设身处地地为别人着想

当自己想说不耐烦的话，想表现不耐烦的情绪时，首先想一想对方的心情会不会受到影响，对方会不会误会我们的用意。

注意说话的语气

尽量少说“好了”“我知道了”“哎呀”等很不耐烦的话。如果你曾把此类话当成口头禅，就更应该努力纠正了！

用微笑去掩盖

试着用微笑掩饰自己的不耐烦，渐渐地，不良情绪就会被笑容冲淡啦！

第3章

亲和力，增加你的气场

小礼物，大作用

朋友的生日到了，我要叠365颗幸运星送给她，希望她一年中的每一天都有好运气。

很想和她做朋友，亲手做一个小玩偶送给她，作为我们友谊的开始。

同桌获得绘画比赛第一名，送一支笔给她表示祝贺，她一定会很开心的。

小小的礼物代表一份心意。不管对谁来说，收到礼物都是一件很幸福的事。而我们在准备礼物时，想到对方拆开礼物时的惊喜表情，也会感到很温暖很开心吧！

你知道各种礼物代表的含义吗？

礼物不在贵贱，只要充满诚意就行。再简单的礼物，只要装满友爱，都会变成无价之宝！

如果你是收礼物的人：

当我们收到别人的礼物时，一定要表达自己真诚的感谢。

如果对方一开始显得很神秘，当我们看到礼物后请表现出惊喜的样子。

如果礼物并不是你喜欢的，千万不要当面表现出不满意。

如果收到很多礼物，千万不要当着大家的面表现出对哪样礼物特别钟爱。

每个人都需要被崇拜

每个人都有崇拜的对象：名人、明星、英雄……通常被崇拜的人在某一领域有很高的成就，都是很了不起的人物。那么，普通人有没有可能成为被崇拜的对象呢？

不管是谁，都一定有某方面的专长，有值得崇拜的地方。当我们看到别人的闪光点时，适当表现出崇拜的样子，对方的心情会因此变得特别好，自信心也会瞬间大增啊！

"我很崇拜你，我要向你学习！"

"你简直是我的偶像嘛，太爱你啦！"

对身边的人经常说一些崇拜的话，不仅对对方是一种勉励，对我们自身来说也是一种获得人气的好方法。人和人是互相成全的，当我们甘做绿叶去崇拜花朵时，花朵自然会俯下身子亲吻绿叶，感谢绿叶给她（他）的勇气和力量。

注意啦，千万不可盲目崇拜！

朱珠：“李颖儿聪明又美丽，我特别崇拜她。为此，我情愿做她的小跟班，每天帮她背书包，替她打饭，为她整理课桌。”

记住了，我们不能因为崇拜某人就事事迁就顺从她（他），没有原则地帮她（他）做任何事，这种盲目崇拜会让我们失去自我。崇拜不是无条件地服从，而是发自内心地对别人的一种敬佩和肯定，不卑不亢的崇拜才是真正的崇拜啊！

不可不分好坏地崇拜！

唐岚岚：“我简直太崇拜杜小超了，他考试作弊的技术可是一流的，他就是我心目中的考神。”

什么行为值得崇拜，什么行为应该唾弃，我们一定要分清楚。像考试作弊、打架、欺负同学等违纪行为不仅不值得推崇，还应该及时制止才对。而爱学习、口才棒、有正义感等积极向上的行为才真正值得崇拜。

特别的关注

“咦？我发现你今天戴的发卡不一样啊！”

“你真是太细心了，这都被你发现啦！”

“据我观察，你每次走路都会先迈左脚。”

“真的吗？我自己都不知道呢。”

人之所以注重打扮，热衷于表现自己，很大一方面的原因是希望得到别人的关注。而实际上，大多数人关注自己往往超过关注他人。我们渴望被关注，却常常得不到关注，只能自我欣赏。

如果这个时候出现一个人，她（他）能发现你的特别之处，能一眼就观察出你今天和平时有什么不一样，你是不是会感觉到惊喜和满足呢？你是不是特别愿意和这样的人相处呢？

同样的，如果我们愿意走出自己的世界，试着像关注自己一样去关注别人，一定会收获很多人气的！

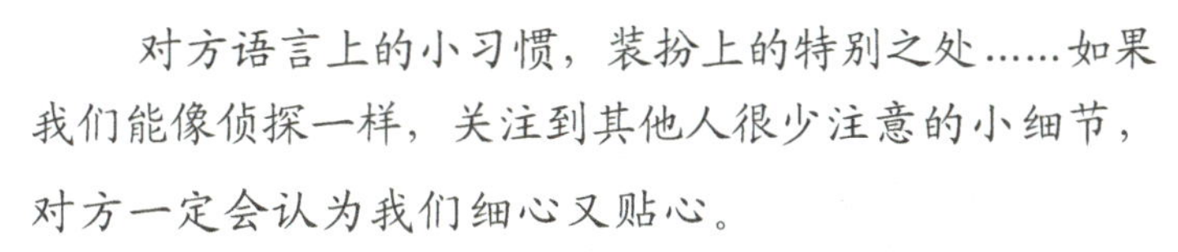

注意别人没有注意到的细节

对方语言上的小习惯，装扮上的特别之处……如果我们能像侦探一样，关注到其他人很少注意的小细节，对方一定会认为我们细心又贴心。

注意对方微妙的变化

越是微妙的变化，我们越不能省略掉。当对方自己都不认为你能发现其中的奥秘，你却一眼就看出来，那对方会感到多大的惊喜啊！

突出优点，忽略缺点

关注特别之处是要突出别人的优点，而不是自作聪明地揪着别人的缺陷不放。如果我们总是乐于指出别人细小的缺点，必定会让对方感到很难堪。

背后的夸奖

一天，唐岚岚和夏米在一起聊天，聊着聊着，她们聊到了秦子萱。

唐岚岚说：“秦子萱真是我们班的异类，平日里总是耷拉着脸，好像谁欠她钱似的。”

夏米笑了笑，接着说：“她虽然不爱笑，但其实特别友善。有一次上体育课，我的脚扭伤了，还是她把我背到医务室的。”

唐岚岚听了，也连连点头。

女孩们在一起聊天难免会谈论八卦，或议论不在场的某个人。聊天时大家很容易被一种情绪影响，如果有人总说一个人的坏话，大家可能真会认为这个人很差劲；相反，如果有人当着其他人的面夸奖一个人，那么大家也会对这个人形成好印象。

喜欢说别人的坏话，常常被认为是小心眼的表现，而乐于在背后夸奖人则体现出一个人的大度。比起前者，后者是不是更受欢迎呢？

夸人六不要

- 不要胡编乱造。
- 不要夸大其词。
- 不要虚情假意地夸奖。
- 不要为了抬高某人而贬低其他人。
- 不要为了讨好而夸奖。
- 不要当面猛夸人。

背后夸人更得人心

在背后赞美别人，比当面赞美更受用、更实在、更真诚。无论什么时候，我们都不用担心这些话会不会传到当事人的耳朵里。对方知道了，会收获一个好心情；对方不知道，我们也不会有什么损失。

别那么大嘴巴

“大新闻，大新闻，昨天……”

“虽然××要我保守秘密，但我再不说就要憋死了……”

“老师，我还要向您报告一件事……”

这些话都出自黄婧的嘴巴。谁要是跟黄婧说了什么，或是她偶然得知什么“大新闻”，没多久全班都知道了；谁要是犯了点小错，自己都还没察觉到，就经过黄婧的嘴传到了老师那里。黄婧就是传说中的大嘴巴，心中从来藏不住秘密，爱八卦，爱向老师打小报告，一张嘴巴一刻都停不下来。

虽然很多人对八卦都有一颗好奇心，热衷于探听各

种秘密和趣事，但也没有人会喜欢大嘴巴的人。大家会有这样的顾虑：“说不定哪天她（他）也会八卦到我身上来呢。”

管住自己的嘴巴，在需要沉默时绝不多言，这是每个女孩应该具备的素质，同时也是保住人气的关键呢。

黄婧的承诺

——我保证以后一定管住自己的嘴巴，再也不八卦别人的事情了。

——我保证以后会把别人的秘密当成自己的秘密，绝不透露半个字。

——我保证以后不会随便什么事都向老师打小报告了。

——我保证以后少说话多做事。

闲聊不等于无聊

唐岚岚的苦恼：每次看到其他同学在一起聊天时总有说不完的话题，心里总是特别羡慕。我也很想和大家海阔天空地聊，可实在不知道说什么好。有时候好不容易想出一个话题，还让对方觉得很无聊。为什么我这么不会聊天呢？

我们大家共处在学校这个大集体中，除了在这里学习知识，增长见识，还能交到很多朋友。许多同学的友情是通过闲聊建立起来的，两个人在一起聊得很投机，感情自然会越来越深，慢慢地就会变成亲密无间的好朋友。而那些不会聊天的人，往往容易被大家忽略，很难交到几个知心的朋友。

会聊天并不一定是与生俱来的，也可以通过后天努力锻炼出来。只要把握了聊天的技巧，即使是简单的闲聊也能聊出滋味，聊出深厚的友谊啊！

聊天的技巧

将普通的事幽默化

即使再普通的事也能在你的嘴里变得很有趣，谁会不愿意听你聊天呢？不要吝啬自嘲和小夸张，能逗乐对方就是你的本事啊！

说对方感兴趣的话题

对方喜欢听歌，多聊聊新歌和各自喜欢的歌星；对方喜爱小动物，多聊聊家里的宠物或各种小动物……千万不要没完没了地说一些对方完全不了解或不感兴趣的事，这很难让聊天顺利进行下去。

努力寻找共同点

你们喜欢同一种颜色，你们同属一个星座，你们喜欢说一样的口头禅……哪怕特别细微的相似也能成为友谊的基础。发现共同点，赶紧毫无保留地聊一聊吧，说不定会聊得停不下来呢。

力所能及地帮助别人

有同学请你帮忙，而且是你能做到的，你通常都会爽快地答应吗？

看到有人遇到困难，你会主动去帮助他吗？

当你帮助了别人，你会不计较是否收到感谢、得到回报吗？

如果你能做到这些，说明你是一个品格高尚、乐于助人的女孩！这样的女孩走到哪里，哪里就充满阳光和感动，这样的女孩无论走到哪里，都最受欢迎。

爱默生曾说：“人生最美丽的补偿之一，就是人们真诚地帮别人之后，同时也帮了自己。”帮助别人，不仅帮对方解决了问题，让对方感受到温暖和爱，对我们自己来说，也是件无比快乐的事。

可是，帮助别人不能够盲目，什么事该帮，什么事不能帮，我们心中要有一把尺。

帮人三准则

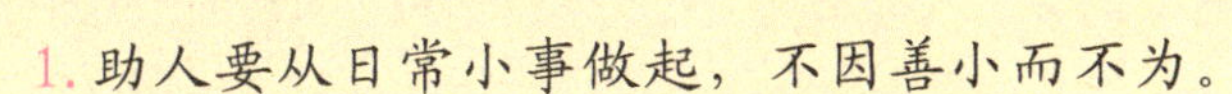

1. 助人要从日常小事做起，不因善小而不为。
2. 帮助别人要忘掉，别人帮己要记牢。
3. 我们无法帮助每个人，量力而为就好。

帮助别人三“不能”

1. 帮助别人不能打肿脸充胖子，办不到的事情尽量不要承诺。
2. 帮助别人不能不分青红皂白，违纪违规、不道德的事坚决不能帮。
3. 帮助别人不能成全对方的懒惰，对方完全能够自己独自完成的事千万别插手。

和偏见说拜拜

“岚岚，请问这道题怎么解？”

唐岚岚正认真地做作业，班上的垫底王——苏小语突然将数学作业本递到她面前。

唐岚岚想：饶了我吧，给垫底王讲解题目，即使讲到口干舌燥，她也依然会睁着无辜的大眼睛，一脸不解地看着你呀！

唐岚岚瞬间有种想从苏小语面前消失的冲动。

那些看起来笨笨的女生，总是邋里邋遢的男生，有点儿小缺陷的同学，往往很容易成为大家排斥的对象。其实，我们并不是故意要疏远他们，只是他们的某些行为、习惯或特征让人本能地不太愿意去接近，就像唐岚岚对待苏小语这样。

如果我们换位思考，把自己当成别人讨厌的对象时，就会发现这将是一件多么让人难过和绝望的事啊！想要成为所有人都喜欢的女生，就应该摆正自己心里的天平，平等对待身边的每一个人，让偏见远离自己。

成绩好的、成绩差的、漂亮的、平凡的、富有的、贫穷的……只要是心灵美好的，都是我们的朋友，都应该被接纳和关怀，而不应该被拒于千里之外。

摆正内心的天平

- 摒除那种只和成绩好的同学做朋友的观念。
- 不“拉帮结派”，不孤立某个同学。
- 不要随意揭别人的伤疤，不在别人面前讨论他人的缺陷或缺点。
- 试着主动去接近被孤立的同学，带她（他）融入集体中。
- 做班级的强力胶，拉近有偏见的同学和被歧视同学之间的距离。

微笑的力量

许多年前，在美国发生过这样一个真实的故事。

一位陌生人给了一个六岁女孩四万美元。这件事让整个地区为之震惊，人们实在想不明白，陌生人为什么要给小女孩如此大的馈赠。

记者纷纷找上门，询问小女孩其中的原因。小女孩露出甜美的微笑，回答说：“我什么也没做，只是对他笑了笑，他就对我说：‘你天使般的微笑，化解了我多年的苦闷。’”

原来，那个陌生人是个富翁，可是他一直不快乐，正是小女孩真诚的微笑温暖了他的心！

一个微笑的力量真是太强大了，它能让悲伤的人变快乐，让严肃的人变慈祥，甚至让精神空虚的人内心变得富有。

如果我们常常保持微笑，不仅会让自己的心情变开朗，还能让身边的人也感受到幸福和快乐！女孩会因为爱笑而变得美丽，也会因为爱笑而获得更多人的喜爱。

当和别人聊天时，请保持浅浅的微笑；

当和别人打招呼时，请露出友好的微笑；

当感受到亲人的关爱时，请幸福地微笑；

当和陌生人不小心对视时，请露出礼貌的微笑。

怎样笑才更自然?

如果仅仅只是嘴角上扬，这样的微笑又怎么会自然呢？自然的微笑必定是发自内心的，是从眼睛里传递出来的。心里想着快乐的事，放松面部肌肉，轻轻扬起嘴角，就能笑得自然，笑出美丽。

承认自己的不足吧！

“这件事是我做错了，我向你道歉！”

“这方面我有很多不足，希望你能多多帮我。”

承认自己的错误和不足并不代表我们很差，也不会影响我们在别人心目中的形象，更不会让人看不起。相反，别人会认为我们很谦虚，很有责任感，大家会因此更加信任我们，更加亲近我们。

就像雨滴一样，如果高傲地挂在天边，注定孤单；放下身段，承认自己的渺小，变成小小的雨滴融入大地，就能变成大地的一员，被山川呵护，被大海包容。

最近看电视连续剧，发现大家都喜欢长相平平、性格温和的女主角，讨厌性格高傲的白富美女二号。以前我一直弄不明白其中的原因，现在我知道了，原来太完美就会有距离感，普通一点，有点缺陷更有亲和力呀！

- 实事求是，既不隐瞒自己的不足，也不要刻意夸大。
- 了解自己的错误和不足后要及时修正，不要只知认错，不知改错。
- 丢掉自卑心理，即使某一方面不如人，总有另一方面是你的强项。

缺点记录簿

写出你的三个不足或缺点，并想一想，你准备如何改正它们。

打动人心的话

舞蹈比赛就要开始了，唐岚岚非常紧张。

李颖儿对她说："这有什么好紧张的，不就是跳个舞吗？"

夏米对她说："岚岚，别紧张，我会一直为你加油的！"

终于，唐岚岚获得了舞蹈比赛第一名。

李颖儿对她说："得了第一名，很高兴吧！"

夏米对她说："你刚才跳得真棒呀，好几个舞蹈动作堪称一绝！"

如果你是唐岚岚，谁说的话更让你感动？你更想和谁做朋友呢？比起李颖儿，夏米说的话是不是更打动人心呢？

我们身边的人也是这样啊，有些人说话总有些刺耳，而有些人说的话却能打动人心。比起前者，后者自然更受欢迎，更有亲和力了！

那么，究竟说哪些话才能打动人心呢？

打动人心的话

坦率真诚的话

越真诚、越直率的话越能直入人心，而那些虚情假意、恭维奉承的话反而会让人不舒服！

感动自己的话

如果自己都觉得自己说的话不够感人，又如何去感动别人呢？

真诚赞美的话

没有人不希望得到别人的肯定，也没有人不喜欢听赞美的话，赞美是这个世上最动听的语言。

温暖的话

“我会在你身边”“我相信你”这些温暖的话就像寒冬里的火焰，最贴心，也最能打开人的心房。

亲昵的话

经常将“我们”挂在嘴边，字里行间透露出将对方当成亲人，自然比任何动人的话都更具有分量。

我会大方地请客

第一次，唐岚岚和朱珠来到甜品店。

朱珠大方地说：“我请你吃冰淇淋。”

唐岚岚笑着说：“谢啦，下次换我请你吧！”

第二次，唐岚岚和朱珠来到肯德基。

唐岚岚说：“哎呀，本来说好我请你，可是我忘记带钱包啦！”

朱珠只好无奈地说：“好吧，我请你！”

第三次，唐岚岚和朱珠来到奶茶店。

唐岚岚又说：“真不好意思，我……”

还没等唐岚岚说完，朱珠赶紧提议道：“我们还是AA制吧！”

即使再要好的朋友，如果一方老是在付出，而另一方只想着占便宜，那么他们的友谊还能继续下去吗？

不管是和好朋友，还是和普通的同学一起，我们一定要有这样的观念：对方请我一次，我也应该大方地请对方一次。这样，对方才会认为你是个大方的女孩，你们之间的关系才会平衡呀！

不过，我们大家的零花钱都很有限，如果总是请来请去，会给自己和对方都造成很大的负担！所以即使是再好的朋友也可以采用AA制的买单方式，这样一来大家可以避免很多不必要的尴尬和麻烦。

请客规则

如果没有特殊情况，最好AA制。

对方请你一次，下次一定要回请对方一次。

不要有“男生买单天经地义”的错误想法。

不管和谁出门，请记得带上钱包。

别乱发脾气

李颖儿总是为一点小事就发脾气。有一次大扫除，于晓蒙不小心将扫帚蹭到了李颖儿的白色运动鞋上，弄脏了一小块。于晓蒙赶忙道歉："颖儿，对不起，我不是故意的。"

可是，李颖儿不仅不接受道歉，还大声嚷嚷道："'对不起'有什么用，这可是我新买的鞋子！"说完，她气呼呼地走掉了，留下于晓蒙站在原地委屈地哭起来。

李颖儿的做法对吗？面对同学不小心的过错，真的有必要发脾气吗？如果你遇到爱发脾气的李颖儿，心情又是怎样的呢？

爱乱发脾气不仅伤害了别人，也让自己心里不好受。而且，如果大家都知道你是一个坏脾气的姑娘，他们就会像避开火山一样避开你，害怕和你亲近了！所以，我们应该学会控制自己的情绪，不要乱发脾气。

注意啦！不乱发脾气并不代表将什么事都憋在心里，让自己独自难受，这样不但解决不了任何问题，而且只会让自己的情绪越来越糟糕！这个时候，我们应该找一些合理的方法调节自己的情绪。

调节情绪有方法

- 在脾气即将爆发之前，深呼吸几次，努力让自己微笑，并不断地暗示自己“忍耐，忍耐”。
- 情绪实在很糟糕，又找不到发泄的出口，做做运动，听听热闹的音乐，对着空旷的地方大吼几声，都能将坏情绪释放干净！
- 向亲近的朋友倾诉。不管多么烦心的事，只要说出来了，就没有什么大不了的。

我也感同身受

最近，班上新转来一个女生，名叫姚露露。她成天一副很忧愁的样子，有好几次，大家还看见她偷偷掉眼泪呢！

同学们纷纷议论："这个姚露露真矫情，又没人欺负她，干吗装出一副可怜兮兮的样子？"可是，夏米却不这样认为……

有一次课间操，大家都到操场上做操去了，姚露露坐在座位上，眼泪又吧嗒吧嗒掉下来。这时，夏米走到她面前，一脸心疼地问道："露露，你怎么了？"

姚露露不但不理夏米，还将头扭到了另一边。

这时，夏米将一只手轻轻搭在姚露露的肩膀上，对她说："其实我和你一样，刚来的时候谁也不认识，又害怕又孤单，也常常默默掉眼泪呢。"

露露慢慢转过脸来，眼神里透出一丝莫名的感动……

人在最脆弱的时候，最需要的很可能不是安慰，也不是鼓励，而是一句“我懂你”。当我们能设身处地地为对方着想，感同身受地明白对方的痛苦时，对方的心自然会为我们敞开一扇窗。

1. 把自己当成对方

想要理解对方的痛苦，我们必须暂时抛开自己，让自己变成对方，用心去感受对方的每一个情绪，每一句话。

2. 允许对方哭泣

很多时候，我们没必要煞费苦心地想着如何将对方从痛苦中解救出来，而应该自然地站在对方身边，给对方宣泄的权利。

3. 表达自己的关心

不知道如何安慰，也不明白对方的感受，没有关系，我们可以真诚地告诉对方：“虽然我不知道你为什么难过，但我真的很关心你！”

多说“我们”少说“我”

“这是我和她编排的孔雀舞。”

“这是我们一起编排的孔雀舞。”

“我和她都觉得这件事应该这样做。”

“我们认为这件事应该这样做。”

对比以上两种说话方式，哪一种更具有亲和力呢？如果是你，你更愿意别人把你当成和“我”没多大关系的“她”，还是看成“我们”中的一个呢？想必你的心里已经有了答案。

“我们”和“我”虽是一字之差，表达的含义却有天壤之别。在和别人相处时，如果经常用“我”，就会冲淡彼此之间的感情，更别说变成好朋友了；而经常说“我们”能让人产生亲切感，让对方觉得你们是很亲近的人，是她“同舟共济”的朋友。

1.分享的话：

——我们的君子兰开花啦！

——咱们班的舞蹈得了全校第一！

2.征求意见的话：

——我们吃什么好呢？

——要不我们去别的地方看一看？

3.关心的话：

——我们小梦这是怎么了？

——咱们一定能渡过难关。

让人讨厌的自以为是

“你错了，我觉得这件事应该这样做……”

“我知道的可比你多……”

“我从来不觉得这样有什么问题……”

如果你常常听到有人说类似的话，你想对她（他）说什么呢？是不是有冲动想对她（他）喊：“你别自以为是啦！”

自以为是的人喜欢自我欣赏，无论对自己的外表还是内在都极度自信；自以为是的人总认为自己什么都是对的，只要别人和自己意见不统一就觉得对方一定是错的；自以为是的人总会说“我认为”“我觉得”，而很少询问别人的想法和意见……

一个人只看到自己看不见别人，自然不会受到大家的喜爱。特别是对女孩来说，最可怕的就是“自以为是”，它会让我们变得没那么可爱，会极大地削弱我们的亲和力。

人之所以犯错误，不是因为他们不懂，而是因为他们自以为什么都懂。

——索罗斯

别再自以为是啦！

● 多用耳朵少用嘴。别总是急着表现自己，而是多听听别人怎么说。

● 看到自己的不足。眼睛里不要只装得下自己的优点，偶尔也要反省反省自己的不足。

● 关注他人。不要总把自己的事挂嘴边，交谈中也要时常把对方当主角。

● 夸赞不用自己说。别老是当着他人夸自己这方面很棒，那方面比别人强，这些话留给别人去评说吧！

放下优越感

有一只孔雀，它的尾巴上长着七彩羽毛，美丽极了。其中有一根羽毛格外耀眼，甚至把其他羽毛都比了下去。

这根羽毛自命不凡，总对其他羽毛说：“我可比你们高贵多了，成天和你们这些俗气的家伙待在一起，简直降低了我的身份。”

可是有一天，孔雀照镜子时发现这根羽毛太突出，实在影响整体美观，就毫不犹豫地将它拔了下来，随意丢在了泥地里。落在泥地里的羽毛再也骄傲不起来了，只能眼睁睁地看着其他伙伴跟着主人一摇一摆地离开了。

不管多漂亮的羽毛，如果它总觉得自己与众不同、高高在上，最终也会被别人看作异类，孤立在外。

人也是一样啊，如果总觉得自己高人一等，瞧不起别人，自然没人愿意理她（他）。一个人无论多么优秀，多么能干，也离不开集体，不能没有朋友。放下优越感，我们才能得到更多真诚的友谊。

下面两个女孩，你更愿意和谁交朋友？

李颖儿说：“我常常将爸爸从国外买来的表、文具、娃娃送给我的朋友，还经常请大家吃很贵的东西！”

夏米说：“我和朋友一起学习，玩耍，聊彼此的兴趣，但我们从来不过问彼此的家境，也不会比较双方的成绩！”

比起很有优越感的李颖儿，与朋友平等相处的夏米是不是更有亲和力呢？记住，我们能有比别人更优越的物质享受，这全是托父母的福，并不值得炫耀。如果李颖儿能像夏米一样，放下优越感，真心对待身边的朋友，即使没有从国外买来的表、文具、娃娃和昂贵的食物，大家也会乐意和她做朋友的。

别再下达命令

“秦子萱，你去把大家的家庭作业收上来！”

“朱珠，今天你当值日生，认真点知道吗？”

“唐岚岚，上课不许看课外书！”

猜猜看，说这些话的人会是谁？如果你认为是老师，那可就错了。虽然话中字字句句一副老师的做派，但说这些话的人并不是老师，而是一班的班长李颖儿。正是因为她说话老用这种命令的语气，简直比老师还老师，所以大家都不愿意接近她。

同学和同学之间是平等的，谁也不受谁的控制，谁也不用听命于谁，如果我们总是以一种命令的口气对待他人，总是对人指手画脚，不仅不会让人信服，还会引起大家的反感，被人疏远呢！

即使别人做错了事，即使我们说的话句句在理，也不应该指责和教训别人。每个人都有自尊心，即使是长辈、老师，也有义务维护每个孩子的自尊心，而作为同龄人的我们，更没有理由肆意伤害别人。更何况，谁没有犯过错，同样会犯错的我们有什么权利去说别人呢？

如果李颖儿能这样说：

“秦子萱，请你将大家的家庭作业收上来好吗？”

“朱珠，今天你是值日生，需要我帮忙尽管说。”

“唐岚岚，刚刚我看见班主任从教室外走过，你还是把课外书收起来吧！”

怎么样？换一种说话方式，听起来是不是让人舒心多了。比起命令的语气，温和委婉的话表达的是同一个意思，但更容易让人接受，何乐而不为呢？

一颗善良的心

李颖儿过马路时被车蹭了一下，一条腿受伤了，每天一瘸一拐地来学校上课。

对待受伤的李颖儿，同学们的态度各不相同。

有些同学心想：真是活该，谁叫她平时那么嚣张，老是一副盛气凌人的样子！

也有一部分同学对此并不关心。

可是，夏米和其他几个女生却十分同情李颖儿，她们经过商量，决定每天轮流接送李颖儿上学。经过这件事，李颖儿感动极了，她含着眼泪对大家说："以前是我不好，希望大家原谅我。"

“同学之间干吗计较那么多，只要你赶快好起来就行啦！”女生们围着李颖儿开心地抱成了一团。

一颗善良的心不仅能温暖人心，还是解开人与人之间疙瘩的法宝。大部分人对善良都没有免疫力，面对一颗善良的心，坏人会为之动容，好人则会将它传递给更多的人。善良就是一颗健康的种子，只要将它播种在大地上，就能开花结果，长出更多善良的种子，传遍整个大地。

因此，一个心地善良的女孩，她的身边一定围满了善良的朋友。

拥有一颗善良的心，在别人遇到困难时，毫不犹豫地伸出援助之手。

拥有一颗善良的心，在别人感到难过痛苦时，用心去理解和安慰对方。

拥有一颗善良的心，真心原谅别人的小过失，包容别人的缺点，不计较得失。

拥有一颗善良的心，不以外表和成就作为交朋友的标准，而是拿真心衡量一个人。

如何拥有异性缘？

你是这样的女孩吗？

在女生中间，你拥有绝对的好人缘，却没有一个男生朋友；

女生们都认为你比男生还帅气，男生却说你没有女孩样；

你认为男生都很讨厌，甚至不屑和他们说话；

男生们也是这样，宁愿和长相平平的女生交朋友，也不愿和漂亮的你多说一句话。

班级里本来就有男生和女生，如果没有异性缘，就等于少了一半的朋友呀！

其实男生并不是异类，他们和女生一样，也很善良，很喜欢交朋友。虽然有时候他们很调皮，甚至喜欢恶作剧，但他们认真起来也很可爱，而且他们充满正义感，通常对待女生谦让又包容。能和男生们成为好朋友，不但不会很麻烦，反而会让校园生活变得更有趣呀！

- 别什么都强出头，偶尔满足男生的英雄情结。
- 任何时候都别说粗话，经常露出温和的微笑。
- 不要在其他女生面前说男生的坏话。
- 不要高高在上，不要把自己当成高贵的公主。
- 不要总是把责任推到男生头上。
- 不要总使唤男生做那些所谓男生该做的事。

第4章

死党是这样炼成的

为别人着想

一天放学后，天空突然下起大雨来。夏米和李颖儿都没有带伞，只好眼巴巴地站在屋檐下等雨停。这时，朱珠走了过来，对她们说："我带了伞，你们谁需要我送一程？"

"我！我俩刚好顺路呢。"李颖儿赶紧说道。

"夏米，你也和我们一起走吗？"朱珠又问道。

夏米笑了笑，回答道："你们先走吧，我再等一会儿。三个人打一把伞，大家都会淋湿的。"

比起只顾着自己的李颖儿，愿意为别人着想的夏米是不是更可爱呢？

我们周围也不乏像李颖儿这样的人，不管什么事都先想到自己，而看到别人需要帮助时却视而不见。你愿意和这样的人做朋友吗?

想要拥有亲和力，想要结交真心的朋友，很多时候我们必须放弃自己的私心，设身处地地为别人着想，“想别人之所想，急别人之所急”。

唐岚岚因此也想起发生在上学期的一件事：记得有一次考试，我的笔坏了，夏米毫不犹豫地将自己的新笔借给了我。我考出了班级第一的好成绩，她还大方地祝贺我呢。

向替人着想的夏米学习！

为别人着想，就是要有好的气度，宽阔的胸怀，必要的时候牺牲自己的利益去成全别人。

为别人着想，就是要理解别人的想法和感受，站在对方的立场上想问题。

为别人着想，就是尊重别人，“己所不欲，勿施于人”，不把自己的快乐建立在别人的痛苦上。

付出自己的真心

唐岚岚被老师批评了，心情很沮丧。李颖儿赶紧跑过来安慰她："别伤心啦，谁还没有犯错的时候！"可是，她心里却在庆幸：幸好我没犯同样的错！

唐岚岚英语演讲比赛得了第一，李颖儿笑嘻嘻地对她说："恭喜你呀，没想到你英语这么好呀！"可是，她心里的潜台词却是：有什么了不起的。

李颖儿表面上把唐岚岚当朋友，内心却充满了嫉妒和自私。长此以往，唐岚岚看出了破绽，发现李颖儿并不是真心把她当朋友，她们的友谊还能继续吗？

不管是交朋友，还是对待身边的其他人，都要表里如一，付出真心，只有这样我们才能收获他人的真心，为友谊建起一道坚实的城墙。

怎样才叫付出真心？

表里如一

想法、语言、行动三者保持一致，切不可心里想一套，嘴上说一套，手上又做另一套。

坦诚相待

不掩饰自己的缺点，也不奉承对方的优点，有不同的想法及时沟通，产生矛盾及时协调。

同甘共苦

能和朋友一起分享快乐，也能在朋友遇到困难、挫折时，始终站在对方身边不离不弃。

懂得分享

不要总想着从朋友那儿得到什么，而是要懂得付出和分享。比起物质的分享，心与心的分享更重要！

自然的身体接触

一天清晨，唐岚岚去公园晨练，正好看到朱珠也在前面。

唐岚岚兴冲冲地跑上去，一把蒙住朱珠的眼睛，调皮地说：“猜猜我是谁？”

没想到，朱珠一点都不喜欢这个玩笑，她生气地说：“放开我，我快被你弄瞎啦！”

唐岚岚这才悻悻地松开了手。两人不欢而散。

第二天，唐岚岚背着书包去上学。

快到学校门口时，背后突然传来一声亲切的呼唤：“岚岚，等等我！”

唐岚岚还来不及回头看，一只胳膊突然伸进她的右臂弯里，亲密地挽住了她。唐岚岚扭头一看，原来是夏米呀！于是，两个人手挽着手开开心心地向学校走去。

其实，在这之前，唐岚岚和夏米并不算很要好的朋友，可是一个亲密而自然的小动作瞬间拉近了两个人的距离。

同样都是偶遇了同学，朱珠和夏米给唐岚岚的感受可是大不一样啊！

亲爱的小读者，你知道问题出在哪里了吗？

要好的朋友，特别是亲密的女伴之间，总是喜欢手拉着手，胳膊挽着胳膊，互相搭着肩，这样显得彼此更亲近，更友爱。人和人之间有一种特殊的磁力，通过这样的身体接触，总能让彼此的关系更近一层！

当我们自然地靠近他人时，才会向对方发出友好的信息，对方也能在瞬间感受到我们的心意，给出同样友好的回应！

保持自然的身体接触

即使再要好的朋友，身体碰触也要自然、得体，千万不要让对方感觉不自在！

如果对方并不喜欢身体接触，最好和她(他)保持礼貌的距离。

虽然好朋友之间常会存在亲密的“暴力”，但一定要把握分寸，不然亲密就变成了伤害。

原来我们是同类

“原来你也喜欢听许嵩的歌呀！”

唐岚岚正在听歌，夏米突然凑过来惊喜地叫起来。

“是啊，是啊，我最喜欢他那首……”

“《千百度》！”

唐岚岚和夏米异口同声地说出了歌名，于是两人就像遇到了知音，开始大聊特聊起来。不过几天的时间，两人的友谊迅速升温，很快成了无话不谈的好朋友。

彼此拥有共同的爱好，或拥有相似的性格，甚至拥有一样的怪癖，就像在茫茫人海中寻找到自己的同类，特别有亲切感。一旦因此成为朋友，彼此必定会像两块磁铁一样，互相吸引，不能分离。

如果想和一个人成为朋友，就要多观察她（他）的兴趣爱好，观察她（他）的一言一行，寻找彼此之间的共同点，然后再找合适的时机表现出来。

如果你已经和她（他）成为朋友，就要多多发现你们之间的共同点，为你们的友谊之城添砖加瓦。

不仅如此，朋友之间的共同点也是可以培养出来的！

★培养朋友之间的共同点

一起看书，一起学习，成为彼此的老师。

一起听音乐，一起看电影，成为聊得来的知己。

一起去游玩，了解彼此的生活习惯，并接受对方的习惯。

女生的义气

“女生小家子气，爱斤斤计较，没胆量，最没义气了！”

唐岚岚刚进教室，就听到男生们对女生做出这样的评论。于是，她愤愤不平地冲到男生们中间，大声说道：“谁说女生没义气？简直胡说！”

是啊，难道只有男生之间才存在义气，而女生之间的友谊都谈不上义气吗？当然不是了，女生也有女生的义气呢。

1. 在朋友需要我的时候，我会站在她（他）身边，尽全力帮助她（他）。
2. 我会真诚地对待每一位朋友，绝不做伤害朋友的事。
3. 答应朋友的事，我一定会做到。
4. 我会信任我的朋友，并努力成为她（他）最值得信任的人。
5. 我会包容朋友犯过的错误，并尽力帮她（他）改正过来。
6. 我愿意为朋友付出，并不要求回报。

朋友之间的义气就像树的根，树有了根才能长得高，站得牢，而朋友之间拥有了义气，彼此的友谊才会更加牢固。不过，我们必须牢记，讲义气不能不分是非，失去自我，交朋友不可不辨好坏，没有原则！

不要为了友谊不明事理，做出违反校纪校规、道德法律的事。

不要为了取悦朋友而委屈自己，实在不愿意做的事应该果断拒绝。

我的嘴巴很严

“喂！听说唐岚岚喜欢隔壁班的韩庭轩，有没有这回事啊？”

一大早，爱八卦的黄婧就凑到夏米身边问道。

没想到夏米竟然若无其事地回答道：“你听谁说的？这都哪儿跟哪儿呀！”

“这就奇怪了，难道我的消息有误？”黄婧一边嘀咕着一边走开了。

这时，夏米捂着嘴巴“扑哧”一笑，心想：我的嘴巴可是很严的，想套我的话，门儿都没有！

拥有这样嘴巴很严的朋友是不是很幸运呀！她虽然知道你很多秘密，可是她从来不向别人透露半个字；她虽然见过你剔牙、放屁、掏耳朵等很多“丑事”，但她会为你的美好形象保密。同样的，如果我们能成为这样的朋友，也会让对方感到特别幸福。

无论任何时候我们都必须明白，朋友之间最重要的就是忠诚和信任，守住朋友的秘密，也就握紧了彼此的友谊之手。

朋友的秘密就是我的秘密！

朋友之所以会将她（他）的隐私告诉我们，那是出于对我们的信任，我们有责任、有义务替她（他）保守秘密。

即使朋友没有特别要求我们保守秘密，我们也应该管好自己的嘴，如此一来我们必定会得到更多信任。

朋友在告知秘密后可能会不安，难免会担心秘密被泄露，这时候我们可以与她（他）交换秘密，消除她（他）的顾虑。

独特的昵称

“糖糖，这个星期天干什么好呢？”

“看电影怎么样，米粒儿！”

唐岚岚和夏米正在商量星期天的活动呢，一旁的秦子萱有些疑惑了，她问道：“好好的名字不叫，干吗叫些奇怪的称呼呀！”

两人一听，异口同声地回答道：“这是好朋友之间的昵称啊！”

好朋友之间拥有独特的昵称是不是很有趣、很酷呢？虽说一个称呼并不能直接让友谊升温，却能让彼此的心贴得更近些！

更加亲密的称呼：根据对方的特点（不是缺点），取一个形象又有趣的特别称呼。

如：特别爱吃的“小馋猫”、笑起来很可爱的“月牙儿”、每天乐呵呵的“可乐”……

最好不要连名带姓地叫对方，三个字

的名字可省掉姓，两个字的名字可以在名中加“小”“儿”等更亲切。

如：“秦子萱”就叫“子萱”，“夏米”可叫“小米”。

一群朋友很要好，大家可以取特别的代号，显得亲切又特别。

如：四个非常要好的女生，私下的称呼就叫“东东”“西西”“南南”“北北”。

我和朋友们的特别称呼：你和朋友们之间有什么特别的称呼吗？赶快将它们写下来，作为你们友情的见证吧！如果你们还没有特别的称呼也没关系，赶快和朋友们商量一下，各自取一个吧！

合作的力量

非洲有一种叫蜜獾的动物，它生性孤僻，不喜欢结交朋友，却单单和一种褐色的小鸟响蜜䴕（liè）结下了友谊。原因正是它们之间存在亲密的合作关系。

蜜獾非常喜欢吃蜂蜜，响蜜䴕爱吃蜂蜡。每次，响蜜䴕发现蜂巢以后，就会发出一种特殊的叫声通知蜜獾。蜜獾一听到信号，就跑到蜂巢边，大胆地将蜂巢挖开，将蜂蜜和蜜蜂的幼虫吃掉，留下空蜂房，让响蜜䴕来吃里面的蜂蜡。响蜜䴕有着敏锐的洞察力，蜜獾的毛又密又厚不怕蜂蜇，彼此之间的合作堪称配合默契啊！

人也是这样的，单靠个人的力量很多事都做不好，如果能与朋友合作，发挥各自的长处，必定能达到事半功倍的效果。

朋友之间如果仅限于嘻哈玩闹、谈谈八卦，又怎么能长久呢？

通过合作，才能体会到需要与被需要的重要。

通过合作，才能了解彼此的长处，让友谊建立在相互欣赏的基础之上。

通过合作，朋友之间才会更加信赖，友谊才会更加牢固。

了解我的朋友

我的朋友名叫________

她（他）的生日是哪一天？

她（他）的特长是什么？

她（他）最爱吃什么？

她（他）最爱说的口头禅是什么？

她（他）最有趣的小动作是什么？

她（他）最讨厌什么？

她（他）最害怕什么？

她（他）最崇拜的人是谁？

她（他）最大的梦想是什么？

面对这一长串问题，你能写出几项呢？如果你能全部列出来，并且一个都不出错，这说明你已经融入朋友的生活，进入她（他）的内心世界，对她（他）非常了解。

被人了解是一件很幸福的事，如果我们能用心去了解朋友的一点一滴，对方一定会感觉到被重视、被关心，她（他）的心一定会很温暖。反过来，她（他）也会花同样的心思去了解我们。如此一来，我们和朋友之间的友谊一定会更上一层楼。

想要了解朋友，不要刻意去询问对方，这样会让对方很尴尬。我们应该在平时多观察，或通过第三方来了解，然后用心记

下来。

不要自作聪明地向朋友炫耀“我很了解你”，一旦你的“了解”出现偏差，反而会让朋友感到很反感。

只是了解还不够，了解之后还得投其所好、避其所恶，这样一来了解才变得有意义。如：朋友喜欢画画，等她（他）生日时送她一支画笔；朋友很怕小昆虫，帮她（他）赶走课桌里的蟑螂……

不做“背叛者”

据说，在很久以前，鸟类和兽类为了争夺一座小岛发生了激烈的战争。

岛上有一只蝙蝠，它不知道自己属于鸟类还是兽类。眼看着鸟类占了上风，它就跑到鸟群中说：“我有翅膀，我是你们的同类！”

没多久，兽类又略胜一筹，蝙蝠又跑到兽群中说：“我和老鼠长得很像，所以我是兽类。”

后来鸟类和兽类和好了，它们都看看不惯蝙蝠的背叛行为，全都不愿意接受它了。

朋友之间最忌讳的就是背叛，一个不能忠于朋友、忠于友

谊的人，最后当然会被众人唾弃！

因为朋友的学习成绩下滑了，就不再和她（他）做朋友了；

因为朋友无法满足自己的要求，就渐渐疏远对方；

为了赢得一个朋友的好感，而对她（他）讲另一个朋友的坏话；

被朋友不小心伤害，为了报复她（他），将她（他）的秘密公之于众。

如果我们用以上方式对待身边的朋友，久而久之必定会失去所有的朋友，变得形单影只。

想要留住朋友的心，就必须真诚对待身边的每一个朋友，无论朋友的成绩是否优异，家境是否富裕，都不能存在偏见啊！

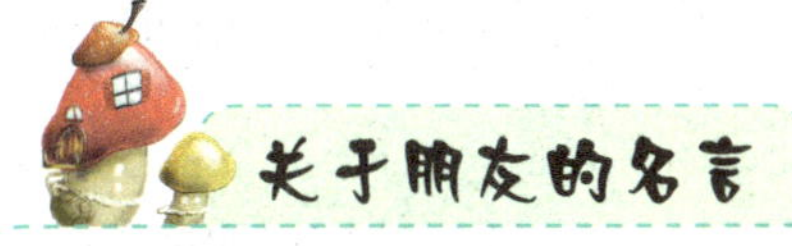

关于朋友的名言

要结识朋友，自己得先是个朋友。

——哈伯德

没有真挚朋友的人，是真正孤独的人。

——培根

那些背叛同伴的人，常常不知不觉地把自己也一起毁灭了。

——伊索

无条件地相信

上完体育课，夏米回到教室发现课桌上的水杯倒了，将她要交的作业全弄湿了，她伤心得哭起来。

这时，一旁的黄婧猜测道：“今天就唐岚岚没上体育课，一定是她干的。”

夏米一听，擦干眼泪一脸坚定地说：“绝对不可能，岚岚是我最好的朋友！”

如果唐岚岚听到夏米这样说一定特别感动，因为能得到朋友的信任是最值得庆幸的事！不管是谁，即使得不到所有人的理解与信任，只要朋友一句“我相信你”，就能豁然开朗、无所畏惧。所以说，朋友之间的信任重于泰山。

相反，如果我们因为一点小事就怀疑朋友，或者听到一些不实的谣言就对朋友心存芥蒂，也许表面上彼此还是好朋友，可是内心的隔阂却无法修复，最终也只会渐行渐远了！

当我们决定和一个人做朋友时，一定要怀着百分之百相信她（他）的决心和她（他）相处，不到万不得已的情况，千万不能丢掉这份信任啊！

- 不要轻易相信别人挑拨朋友关系的话。
- 用坚定的眼神告诉朋友：“我相信你！”
- 听到不好的传闻，应该先查证清楚再下定论。
- 任何时候都要给朋友解释的机会。
- 不要因为朋友不小心犯下的错而怀疑她（他）的用心。

一起渡过难关

从暑假夏令营回来后，秦子萱就向大家宣布：“从今以后，唐岚岚就是我最好的朋友！”

“这是怎么回事？上学期她们不是冤家对头吗？”

面对大家的疑惑，秦子萱和唐岚岚相视一笑，两只小手紧紧地握在了一起。

原来，在夏令营爬山训练中，秦子萱不小心扭伤了脚，唐岚岚看见了，不仅主动帮秦子萱背东西，还用自己瘦弱的胳膊将她扶下了山。有了这一次共患难的经历，唐岚岚和秦子萱再也分不开了，她们的友谊简直比磐石还坚固呢。

有了共患难的经历，朋友之间会更加信任和依赖对方。比起在谈笑玩耍中建立的友谊，这样的友谊更加牢靠、长久呀！

不过，生活中哪有那么多的意外和危难，朋友之间的“患难”并不一定要同生共死那么壮烈。如果我们能在朋友危难时伸出援助之手，能在朋友有难处时雪中送炭，就如同沙漠里的一口井，海面上的一条船，能让朋友充满希望，感受到温暖。

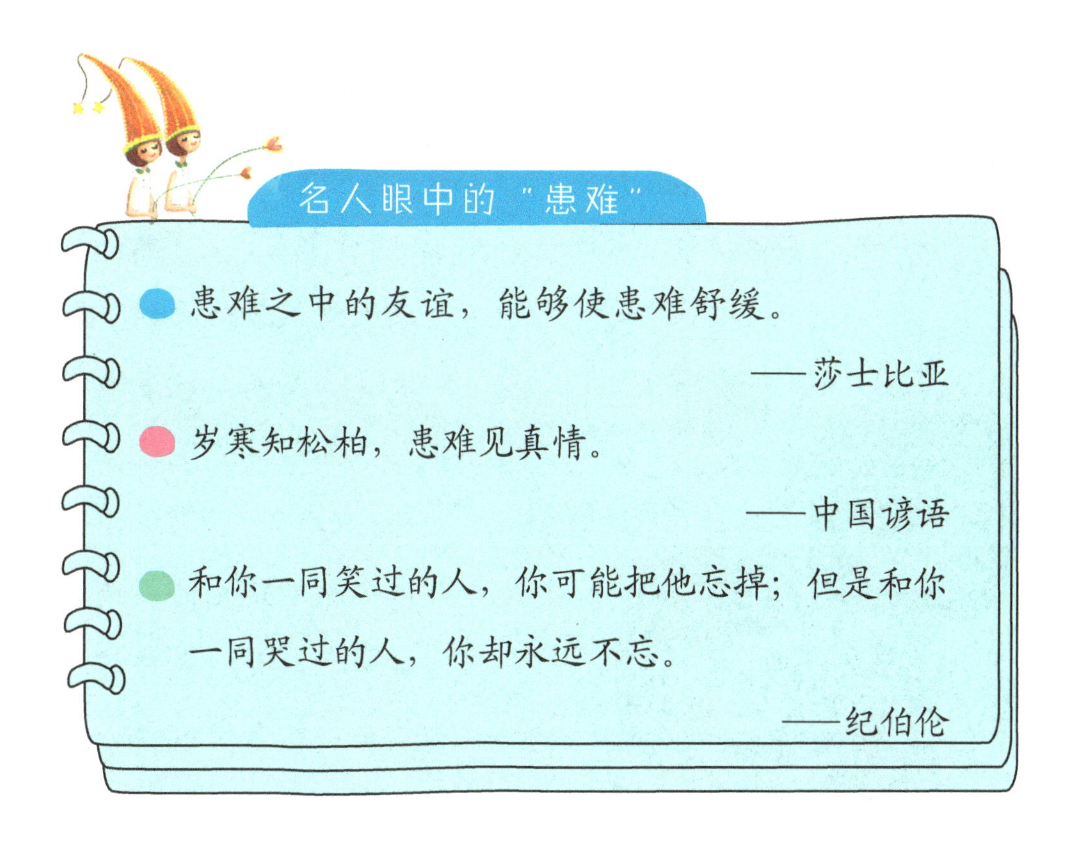

名人眼中的"患难"

- 患难之中的友谊，能够使患难舒缓。

——莎士比亚

- 岁寒知松柏，患难见真情。

——中国谚语

- 和你一同笑过的人，你可能把他忘掉；但是和你一同哭过的人，你却永远不忘。

——纪伯伦

注意了！和朋友共患难绝不是一起去做违法乱纪、损人利己的事，不管是男孩还是女孩，都不能有这样的想法。我们一定要记住，"患难"是帮助朋友渡过难关，或者在朋友失意时安慰、鼓励她（他）。

别把朋友当竞争对手

“还有一个月就要考试了，我的目标是超越夏米！”

自从有了这样的奋斗目标，唐岚岚一直很努力地学习。而且，每次看到夏米也在认真学习，她就特别慌张，心想：她掌握的知识该不会比我多吧！

有一次，夏米请教唐岚岚一个问题，受竞争意识的干扰，唐岚岚竟然头一次骗了夏米：“夏米，这道题我也不会做，你还是去问别人吧！”

原本是无话不谈的好朋友，有一天竟然成了自己的竞争对手。每天想着如何打败对方，或如何防止对方超越自己，如此戒备，如此猜忌，友谊如何长久？而且有竞争就会有输赢，谁赢了谁都不好，输的一方会心有不甘，赢的一方又觉得尴尬，友谊还能像之前那样纯粹吗？

当然了，不竞争并不代表不努力。我们一定要树立这样的观念：朋友不是我们的竞争对手，而是我们的合作伙伴。我们的竞争对手只有一个，那就是我们自己。

我会这样做

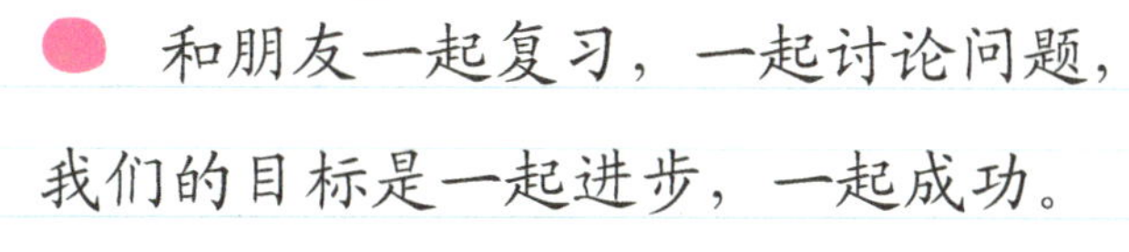

● 和朋友一起复习，一起讨论问题，我们的目标是一起进步，一起成功。

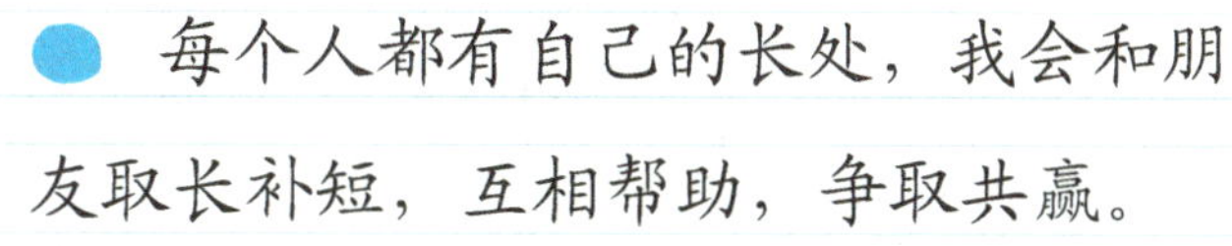

● 每个人都有自己的长处，我会和朋友取长补短，互相帮助，争取共赢。

● 朋友进步了，我会感到高兴，因为那其中也有我的一份力量。

吵不散的朋友

“唐岚岚，你这样做不对！”

“李颖儿，怎么不对了？难道只有你说的才是对的？”

“你真是太固执了！”

“你才太自以为是呢。”

“你……”

“……”

前一分钟，两人还亲密得就像姐妹，这会儿却吵得面红耳赤，这大概是许多朋友都会遇到的问题吧！

朋友之间相处久了，难免会有矛盾，避免不了争吵。有些朋友吵过之后就生疏起来，甚至一刀两断，而有些朋友却越吵越亲密，这是怎么回事呢？

匈牙利有这样一句俗语：“友谊中的小争吵如在食物中加些胡椒粉一样好！”胡椒粉虽然有些辣有些麻，却是做料理必不可少的调味品。不过，胡椒粉究竟能不能让食物变得好吃，还得看掌勺的厨师！也就是说，朋友之间即便有了争吵，只要双方能把握好分寸，掌握和好的方法，就绝对能成为一对吵不散的好朋友！

如何成为吵不散的朋友?

1. 不管怎样吵，坚决不说伤人的话，不说带有人身攻击的话。

2. 就事论事，千万不要翻旧账。

3. 如果不是涉及原则的问题，就适当地妥协一下，给对方一个台阶下。

4. 不要拉帮结派，让更多人参与你们的“战争”。

争吵后……

1. 第一时间考虑对方的感受，并反省自己做得不对的地方。

2. 冷战最好不要超过一个小时，等双方冷静下来，主动和对方说话。

3. 即使不一定是你的错，认个错也没关系，朋友之间何必计较那么多？

4. 实在没有勇气认错时，可请求第三方出面协调。

当朋友犯了错

星期一的早晨，夏米走进教室，正好看见唐岚岚趴在课桌上急急忙忙写着什么。

“岚岚，你在干吗呢？”夏米忍不住凑了上去，没想到唐岚岚慌忙遮住了。不过，夏米还是看出了端倪，唐岚岚分明在赶上星期老师布置的家庭作业，而她的旁边正摆着别的同学做好的作业。岚岚在抄别人的作业！夏米顿时大吃一惊。

夏米很清楚抄袭作业是不对的，可是岚岚毕竟是自己最好的朋友，她有些为难了：究竟该制止她，还是装作没看见呢？

当朋友犯了错我们该怎么做？是大胆指出来，还是无条件帮她隐瞒呢？这确实是个难题。指出朋友的错误，会让对方觉得很难堪，甚至让对方误会我们的用意，直接伤害了两人之间的友谊；帮朋友隐瞒，表面上看起来是讲义气的表现，却让对方无法认识到自己的错误，结果越陷越深。

比起让朋友误会，使朋友陷入错误的沼泽是不是更可怕呢？既然是误会就有消除的一天，朋友总会看到我们的真心，而明明知道是错，还“协助”朋友一错再错，这是对朋友的不负责，也是对友谊的亵渎，最终害人又害己。

当朋友犯了错

实事求是

明确地指出对方的错误。

尊重对方

不要在众人面前指出对方的错误，尽量在私下指出。

语言婉转

用对方比较能够接受的语气和方式指出来。

指导帮助

诚恳地提出自己的建议，帮对方彻底改正错误。

我们“臭味相投”

我们一起光着脚丫手牵手大摇大摆地走在水上乐园里。

我们一起给每位老师取奇怪的外号，然后笑得没心没肺。

我们上课小声讲话被老师发现，被罚一起清理女生洗手间。

和朋友拥有这样的回忆，一起做自认为轰轰烈烈的事，一起干自认为邪恶的“坏事”，一起犯错，一起被罚。每每想起这些，是不是会让你笑开怀，更加珍惜这份友情呢？

朋友之间当然应该心心相印，但必要的时候也可以“臭味相投”。和朋友一起做傻事、“错”事、奇怪的事，虽然在旁人看来实在很难理解，却能为友谊加上一丝芥末的味道，辛辣而美妙。

在美好的时光里，总要有几个臭味相投的朋友。

和这样的朋友在一起，可以不用故作坚强，可以毫无掩饰地大笑或大哭。

和这样的朋友在一起，可以丢掉淑女的“外衣”，可以肆无忌惮地“二”下去。

和这样的朋友在一起，可以想说什么说什么，不用担心一不小心就踩到对方的地雷。

和这样的朋友在一起，可以无形之中增加勇气，做一些独自一人不可能做到的事。

想拥有这样的朋友，我们就必须努力成为这样的朋友！

- 不计较得与失。
- 不泄露对方的秘密。
- 不介意对方的“坏”毛病。
- 不掩饰最真实的自己。

注意了！“臭味相投”绝不是指一起干坏事，如果是违反校纪校规、道德法律的事，我们坚决不能做，也不允许身边的朋友去做。即使一起犯了错，也要有一起承担并一起改正的决心和勇气，这才是真正值得珍惜的友谊。

当朋友比我优秀时

每次她的作文都被老师当作范文，而我的却总在及格与不及格之间徘徊。

我的成绩一直比她好，这一次考试她居然超过了我。

她唱歌跳舞样样在行，是学校的风云人物，而我却是连任课老师也叫不出名字的普通学生。

当朋友比自己优秀时，自己难免会产生嫉妒之心。更有甚者，表面上对朋友表示赞赏，内心却很不服气。久而久之，友谊自然蒙上了一层阴影，朋友之间会产生隔阂，再也无法真诚相待了。

每个人都有自己的长处，一旦别人在某方面比自己厉害就不舒服，那我们岂不是每时每刻都处在嫉妒之中！这样一来，我们的心胸将变得多狭隘呀！

真正的友谊不应该充满嫉妒和虚伪，而应该真诚地祝贺朋友的成功，像对待自己一样对待朋友的进步，这样的友谊才能长久。

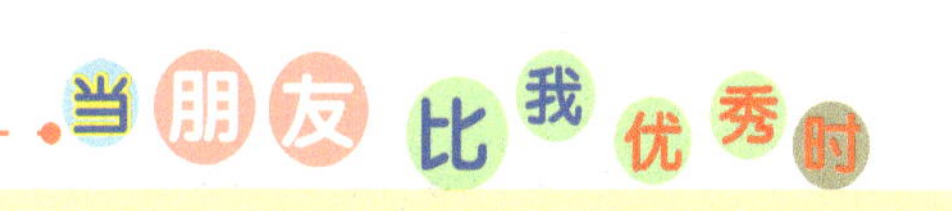

当朋友比我优秀时

- 把朋友当成另一个自己，真心为对方感到高兴。
- 真心赞美朋友，并鼓励对方再接再厉。
- 将对方当成学习的榜样，学习对方积极乐观的精神，快捷有效的方法。
- 努力发挥自己的长处，让自己变得更优秀。

别忘记重要的约定

“唐岚岚，你昨天怎么没来我家，我们不是说好一起复习的吗？”

一大早，唐岚岚就遭到李颖儿的质问，她疑惑地摸摸脑袋，仔细想了想，这才恍然大悟：“哎呀！我给忘了！”

“这么重要的事情你都能忘，害我等了你一天，你真是……”李颖儿忍不住抱怨起来。

明明约好的事情，一方记得很清楚，并满心期待地履行约定，而另一方却早已忘到九霄云外去了，这对前者可是不小的打击呀！如果你的朋友忘记你们的约定，你会不会很沮丧，甚至认为对方根本不在乎你们的友谊呢？

本着对友情负责的态度，我们必须遵守朋友间的约定。约定无论大小，无论轻重，都是朋友之间相互信任的纽带，只有守住每一个约定，才能让友谊之手牵得更牢。

如何对待朋友之间的约定？

- 一旦答应朋友的事，就要努力做到。
- 准备一个随身携带的记事本，记下重要的约定。
- 有可能做不到的事尽量不要答应。
- 有特殊情况要取消约定时，一定要及时告知朋友，并诚恳地道歉和解释。

偶尔做做配角

每次和朋友出去玩，李颖儿总是打扮得光鲜靓丽，生怕自己不是最耀眼的那一个。

每次和朋友玩游戏，李颖儿总会抢先说：“这个我最会玩了，让我先给你们示范一次。”

每次班级活动、文艺表演，李颖儿总是强出头，跳舞要做领舞，合唱要站在最前面，话剧表演一定要是台词最多的那一位。

总之，李颖儿的字典里从来没有“配角”这个词，她每时每刻都做着自己的主角，也无时无刻不想成为别人心中的主角。

可是如果一个人太爱表现，太锋芒毕露，总把别人当配角，反而会遭到身边朋友的反感，甚至排挤。即使再有风度的朋友，时间一长也会很讨厌这种人吧！

生活中，我们也应该偶尔做做别人的配角，适当隐藏自己的锋芒，将表现的机会让给其他人。朋友之间互相衬托，互为绿叶，友谊才能平衡，才能长存。

★当我们遇到以下情况，应该主动变成配角！

- 当朋友在努力展现自己的才能时，我们应该积极配合对方，甘愿站在一旁默默地助对方一臂之力。
- 当我们不小心抢了朋友的风头而让对方感到不快时，应该及时收敛，并用引导的方式将对方推向主角的位置。

当然了，甘当配角并不是事事忍让，处处放低自己，而是和朋友保持平衡的关系，彼此互为配角，经常转换角色。

留一点自我空间

好朋友是不是每时每刻都得黏在一起？

好朋友是不是也要亲密无间？

好朋友是不是不分你我，任何东西都能共享？

好朋友是不是任何事都能原谅，都不用计较？

好朋友是不是必须随叫随到，鞍前马后毫无怨言？

是这样吗？当然不是了！即使是再好的朋友，彼此之间也必须留一点空间的！

有时候我们会遇到这样的状况，对身边的朋友掏心掏肺，甚至将她看成除父母之外最重要的人，但对方似乎不太领情，时常表现出冷漠的态度。其实，对方并不是不把我们当朋友，只是太过靠近的关系反而会让对方不能适应，感觉压力很大，只好选择刻意回避了！

正所谓距离产生美，保持适当的距离和空间，能让朋友之间少一些矛盾和冲突，多一些理解和包容，这样的友谊才能长久保鲜！

为此彼

留一点空间吧

1. 并不一定什么事都要和朋友一起做。
2. 别去计较朋友将你当成第几号朋友。
3. 借朋友的东西也需要归还。
4. 不经允许不要动朋友的东西。
5. 朋友请我一次，我也要请朋友一次。
6. 不要因为是朋友就随意对待，不讲原则。
7. 拥有独立的兴趣爱好。
8. 任何友谊都需要给道德和规则让道。